常减压装置 HSE 培训矩阵编制与应用手册

中国石油天然气集团有限公司质量安全环保部　编

石油工业出版社

内 容 提 要

为了给基层管理人员和岗位操作人员在编制矩阵、开发课件、实施培训等关键环节提供可借鉴的方法技巧和实际内容，中国石油天然气集团有限公司质量安全环保部组织编写了有关基层岗位 HSE 培训矩阵的系列图书。本书针对常减压装置岗位的特点，开展危害因素分析，开发 HSE 培训矩阵，并对培训矩阵进行应用。

本书适合常减压装置的工作人员学习使用。

图书在版编目（CIP）数据

常减压装置 HSE 培训矩阵编制与应用手册/中国石油天然气集团有限公司质量安全环保部编．—北京：石油工业出版社，2019.6

ISBN 978-7-5183-3343-1

Ⅰ．①常… Ⅱ．①中… Ⅲ．①石油炼制-化工设备-技术培训-手册 Ⅳ．①TE96-62

中国版本图书馆 CIP 数据核字（2019）第 080219 号

出版发行：石油工业出版社
（北京安定门外安华里 2 区 1 号 100011）
网　址：www. petropub. com
编辑部：（010）64523547　图书营销中心：（010）64523633

经　销：全国新华书店

印　刷：北京晨旭印刷厂

2019 年 6 月第 1 版　2019 年 6 月第 1 次印刷
787 毫米×1092 毫米　开本：1/16　印张：7
字数：160 千字

定价：28.00 元
（如发现印装质量问题，我社图书营销中心负责调换）

《基层岗位 HSE 培训矩阵编制与应用手册》
编　委　会

主　　任： 张凤山

副 主 任： 邹　敏　黄　飞　赵金法　周爱国

委　　员： 赵邦六　吕文军　张　宏　吴世勤　仲文旭
喻著成　李崇杰　王其华　朱水桥　乐　宏
魏兆胜　刘华林　杜庆华　吴跃庆　魏东吼
王治平　汪国庆　姚长斌　赵红超

本书编写组

主　　编： 刘华林

副 主 编： 张宝森　孙洪泉　刘青星　韩长虹

编 写 人： 赵　峰　王玉林　郭勇刚　马凤荣　宋文星
曹曙光　李成相　张法云　王　雷　李　毅
武俊平　侯永兴　尹连军　刘丽华　刘　相
陶　雪　雷振宇　卢振海　何　炜　郑　慈
李玮琪　陈付伟　刘庆彪　刘秀敏　王秋萍
赵文军　白海滨　庞丽娜　史江庆　王　伟
于长流　孙春明　张　磊

前 言

安全环保是中国石油天然气集团有限公司(以下简称集团公司)三大基础性工程之一,而HSE 培训是提高全员安全环保意识和能力的有效手段,是抓好安全环保工作的重要前提和保障。近年来,集团公司在建设和持续推进 HSE 管理体系过程中,高度重视 HSE 培训工作,先后发布了《HSE 培训管理办法》(人事〔2009〕35 号)、Q/SY 1234—2009《HSE 培训管理规范》和 Q/SY 1519—2012《基层岗位 HSE 培训矩阵编写指南》,在 HSE 培训工作中引入了培训矩阵这一先进有效的工具方法,并通过在部分企业试点推进,积累了一定经验,取得了较好效果,为各企业加强 HSE 培训,提高全员综合素质,促进 HSE 管理体系有效运行发挥了引领性和指导性作用,但在部分企业和人员中,还存在对培训矩阵理解有偏差、认识不到位、应用不充分等突出问题,影响了矩阵应用的质量和效果。

工欲善其事,必先利其器。随着国家法律法规对安全环保培训要求的逐步提高,为进一步规范基层 HSE 培训矩阵编制与应用,增强其专业性和操作性,切实为基层管理人员和岗位操作人员在编制矩阵、开发课件、实施培训等环节上提供可借鉴的方法技巧和实际内容,集团公司依据 Q/SY 1519—2012《基层岗位 HSE 培训矩阵编写指南》,分专业组织编写了《基层岗位HSE 培训矩阵编制与应用手册》系列图书,旨在不断促进提升基层岗位员工的 HSE 意识和能力,进一步深化落实集团公司 HSE 制度和标准。

本书是《基层岗位 HSE 培训矩阵编制与应用手册》系列图书之一,主要结合石化企业常减压装置生产工艺特点进行编制,由大港石化公司承担编写任务,集团公司安全环保技术研究院、中油宇安培训中心等有关企业参加了本书的审定工作。

本书在编写过程中吸纳了炼油专业技师和有经验的基层管理人员参与,文字言简意赅、通俗易懂,并尽可能采用图片、表格和示例等形式,突出简洁、直观、实用,可作为基层 HSE 培训工作的工具书和参考书。由于编者水平有限,难免存在一些不足,敬请广大读者提出宝贵意见和建议。

编者

2019 年 3 月

目 录

CONTENTS

第一章　概　述

以 HSE 培训矩阵为载体建立的需求型 HSE 培训模式是立足岗位需求、突出风险防控、落实培训直线责任、提高 HSE 培训的针对性和有效性、持续提升岗位员工安全环保意识和能力的一种创新机制，是对传统 HSE 培训工作的改进和发展。

第一节　HSE 培训矩阵背景和发展历程

一、基层 HSE 培训工作存在的问题

基层 HSE 培训是安全环保管理中较为关键的一个环节。以往在开展基层 HSE 培训时，主要由安全部门和安全管理人员组织落实，培训计划完成以满足课时要求为主，对岗位培训需求考虑不充分。采用集中课堂填鸭式教学方法，采取硬性、强制要求参加培训，培训效果不佳。基层可利用的 HSE 培训资源相对较少，考核评估过多关注结果，不注重过程考核、奖惩挂钩，问题较为突出。其具体表现在以下几个方面：

(1)对基层 HSE 培训原则性要求多，内容“大而全”，没有突出岗位 HSE 风险，缺少具体操作指南。

(2)基层 HSE 培训偏重于完成课时计划，培训计划和实施没有结合岗位和员工实际需求，针对性差。

(3)授课方式方法单一，大规模培训多，没有强调培训的“直线责任”，没有充分考虑员工个体的需要和应用。

(4)以考核代替评估，用完成培训任务衡量培训效果。

(5)基层 HSE 培训师资相对不足，依靠专兼培训教师授课，无法满足基层 HSE 培训实际需要。

二、HSE 培训矩阵引入及应用

2009 年 7 月 1 日，中国石油天然气集团有限公司(以下简称集团公司)发布了 Q/SY 1234—2009《HSE 培训管理规范》，对开展基层 HSE 培训提出了具体要求，引入培训矩阵这一工具方法，着力提升 HSE 培训管理水平。

2009—2010 年，集团公司以吉林油田公司为试点，开展“油气田企业基层 HSE 培训机制研究”项目，从岗位对员工能力需求入手，开发编制基层岗位 HSE 培训矩阵，积极建立基层岗位“需求型”HSE 培训模式。

2011 年，集团公司下发了《关于进一步加强基层 HSE 培训工作的通知》(安全〔2011〕195 号)，对基层岗位 HSE 培训矩阵推广工作提出了具体要求；同年，组织制定 Q/SY 1519—2012《基层岗位 HSE 培训矩阵编写指南》，规范了基层岗位 HSE 培训矩阵的编写、审核、偏离、培训

和沟通等管理要求，为各企业推行 HSE 培训矩阵提供了重要指导。

2012 年以来，集团公司一直强调基层“需求型”HSE 培训模式的推行工作，始终关注各企业 HSE 培训矩阵推广和应用情况。

2014 年 5 月，集团公司安全环保与节能部组织召开了基层岗位 HSE 培训矩阵模板编制研讨会，对各企业明确提出深化应用 HSE 培训矩阵的要求，并组织对勘探生产、炼油化工、油品销售、天然气与管道、工程技术、工程建设和装备制造 7 个板块、12 家企业、22 个专业的 HSE 培训矩阵模板进行了统一规范编制。

通过近年来的探索与实践、试点与推广，HSE 培训矩阵已经得到了各企业的广泛认同，基层 HSE 培训工作进一步加强，为集团公司全面、深入推行 HSE 管理体系奠定了重要基础。

三、建立基层 HSE 培训矩阵的目的和意义

建立并应用基层 HSE 培训矩阵，使基层 HSE 培训直线责任得到有效落实，“分岗位、短课时、小范围、多形式”的新型培训模式得以有力推行，其目的和意义主要表现在以下几个方面：

（1）促进基层 HSE 培训管理机制不断完善。通过推行基层 HSE 培训矩阵，能够进一步理顺基层 HSE 培训责任，有效解决基层“谁来培训、培训什么、多长时间、什么方式”和想要达到“什么效果”等实际问题，较之以往在 HSE 培训管理机制上有了很大程度的改进。

（2）保证各岗位 HSE 培训要求更加明晰。分岗位把培训要求列入同一表中，直观体现每个岗位每项培训的具体要求，贴近生产、贴近岗位、贴近实际，能够增强基层 HSE 培训的针对性和操作性。

（3）推动基层现场风险管控能力持续提升。按照利于规范操作、便于风险辨识的原则，列出各个操作项目，并开展岗位员工个性化能力评估，全方位找出员工技能与岗位要求之间的差距，能够有效消除岗位风险控制盲点，同时也便于有针对性地提高员工单项操作技能。

（4）促使操作规程和培训课件进一步规范。在编制 HSE 培训矩阵过程中，划分管理单元、梳理操作项目是基础，这两个工作环节也恰恰是操作规程制修订的前提，因此通过编制 HSE 培训矩阵，自然而然地就会对操作规程的有无及是否完善、HSE 培训课件的有无及是否完善进行确认，推动基层查找操作规程的缺失，确保及时增补和完善。

（5）促进培训方式多样化、实用化。通过分岗位建立 HSE 培训矩阵，培训对象会相对固定，而且能够做到小范围，培训过程中就可以不拘泥于传统意义上“讲、听、记”，使互动交流、相互研讨等灵活多样的培训方式方法得到有效运用，培训效果必然事半功倍。

第二节　HSE 培训矩阵基本结构及内容

基层岗位 HSE 培训矩阵是将培训需求与有关岗位列入同一表中，由培训项目、培训课时、培训周期、培训方式、培训效果、培训师资等一系列核心要素组成，每个要素起着不同的作用，目的是明确说明和直观展现岗位需要接受的培训内容、掌握程度、培训频次等信息，一般采用二维表格形式。

一、基层岗位 HSE 培训矩阵名称

基层岗位 HSE 培训矩阵的名称是矩阵的主题,直接体现了培训矩阵的核心内容。如常减压装置岗位的 HSE 培训矩阵的名称就可以称为:常减压装置岗位 HSE 培训矩阵。

二、基层岗位 HSE 培训矩阵的内容

基层岗位 HSE 培训应当明确拟培训的项目(或内容)、培训的课时、实施培训的周期、应当采取的培训方式、培训预期达到的目标、指定的授课人员等主要要素,这些要素也就是组成 HSE 培训矩阵的主要结构,归纳起来包括培训项目、培训课时、培训周期、培训方式、培训效果、培训师资等内容。

三、基层岗位 HSE 培训矩阵示例

基层岗位 HSE 培训矩阵一般多采用二维表格的形式,更加简单、明确、易懂,见表 1－1。

表 1－1 基层岗位(××岗)HSE 培训矩阵

编号	培训内容	培训课时	培训周期	培训方式	考核方式	培训效果	培训师资	备注
1	……	……	……	……	……	……	……	
2								

在基层岗位 HSE 培训矩阵中,横向的核心内容可以概括为培训要求,依次为“培训内容”“培训课时”“培训周期”“培训方式”“考核方式”“培训效果”“培训师资”等,根据需要可在表格前设“编号”“备注”栏目便于标识和注释。纵向的核心要素为培训内容,概括起来可以包括通用安全知识,岗位操作技能,生产受控管理及 HSE 理念、方法与工具等四个部分,在每个部分中还可以进一步细化明确具体的培训内容或项目,见表 1－2。

表 1－2 常减压装置班长岗位 HSE 培训矩阵

序号	培训内容	培训课时	培训周期	培训方式	考核方式	培训效果	培训师资	备注
1	通用安全知识							
1.1	HSE 规章制度	0.5	1 年	授课	笔试	指导	班组长或安全员	
…	……	…	……	……	……		……	
2	岗位操作技能							
2.1	工艺正常操作	1	1 年	课堂＋现场	笔试	指导	班组长或工艺员	
…	……	…	……	……	……		……	
3	生产受控管理							
3.1	工艺记录填写规范	1	2 年	课堂	评价	指导	班组长或工艺员	
…	……	…	……	……	……		……	
4	HSE 理念、方法与工具							
4.1	属地管理	1	2 年	课堂	评价	指导	班组长或安全员	
…	……	…	……	……	……		……	

注:培训课时单位为小时(h)。

第三节　HSE 培训矩阵深化应用的基本要求

一、推广基层 HSE 培训矩阵过程中存在的问题

推行以 HSE 培训矩阵为载体的“需求型”培训模式之后，传统意义上的 HSE 培训带来的问题在一定层面上得到了一定程度的解决，基层 HSE 培训效果不断增强。但从近年来一些企业发生的事故事件、违规违章现象也可以看出，基层 HSE 培训矩阵还没有得到有效应用，“需求型”HSE 培训模式的推行在深度和广度上还存在一定差距，主要表现在以下几个方面：

(1) 对基层 HSE 培训矩阵编制与应用工作认识程度不够。一些基层领导者和培训管理人员对于矩阵编制、评审及应用责任不清，相关专业人员参与不够，前期开展培训调查分析不充分，不能有效结合生产实际实施“需求型”HSE 培训。

(2) 对基层 HSE 培训矩阵编制与应用工作方法掌握不够。由于以 HSE 培训矩阵为载体实施“需求型”HSE 培训是集团公司 2008 年以来推进 HSE 管理体系建设的一项新方法、新举措，相对来说是新生事物，各层面人员对此了解掌握程度参差不齐，一些基层站队抓不住重点，采取的方式方法有欠缺，存在“照搬照抄”“简单复制”现象。

(3) 对基层 HSE 培训矩阵应用的培训及要求不够。一些基层站队编制完成的 HSE 培训矩阵对管理人员和岗位操作员工培训、指导不到位，有的甚至“束之高阁”，只是为了应付检查和考核，没有发挥实际作用。

(4) 培训计划、能力评估标准与基层 HSE 培训矩阵不相统一。一些基层站队没有厘清 HSE 培训矩阵与培训计划、能力评估标准的关系，“矩阵是矩阵”“计划是计划”“评估标准是评估标准”，各搞一套、相互脱节，不仅增加了自身的工作量，而且给基层员工带来了负担。

(5) 对促进基层风险防控作用发挥不够。编制的 HSE 培训矩阵与生产实际联系不紧密，对提升员工安全意识和能力、防控风险作用不大，对规范员工操作行为缺乏指导性；部分所列操作项目没有配套的操作规程和 HSE 培训课件，缺少相应支持性内容。HSE 培训矩阵开发完成后，多数基层单位都是简单地把操作规程、应急处置程序等作为培训内容，这些内容一般为文本格式，培训教师在教授时也只是“照本宣科”，员工感觉单调、乏味，培训效果不佳，使“需求型”HSE 培训模式推广落在了“最后一公里”。

只有妥善处理好这些问题和矛盾，才能使基层 HSE 培训矩阵的作用得到充分发挥，才能有效提高 HSE 培训效率和效果，从而提升员工 HSE 意识和岗位操作能力。

二、深化应用基层 HSE 培训矩阵的思路

要想解决好基层 HSE 培训新模式推广和培训矩阵应用过程中存在的问题，必须深入分析“症结”所在，抓住主要矛盾和关键环节，从实际出发采取可行性措施。

(1) 进一步提高 HSE 培训矩阵应用的认识。从正面教育和引导基层管理者、专业技术人员破除因循守旧的思想，积极主动、联系实际、应用好 HSE 培训矩阵这一有效的工具方法，切实解决好以往基层 HSE 培训缺乏系统性、针对性和操作性等问题，真正把基层 HSE 培训工作抓实、抓细，切实提高基层员工综合素质。同时，强化制度和标准执行力，对于不认真执行制度、不按照标准开展具体工作的应严格考核、督促落实。

(2)进一步突出风险防控在培训内容中的主导地位。在已有规章制度、操作规程和应急处置程序等培训内容的基础上,把 HSE 培训课件的编制开发纳入重点,使基层 HSE 培训有抓手、有实质。加强对基层岗位人员培训课件编制的培训辅导,不断提高基层开发培训课件(一般为 PPT 格式)的能力和水平,使 HSE 培训内容变得形象生动、灵活多样,增强员工接受 HSE 培训的积极性和主动性。即根据各岗位操作项目涉及的不同危害和风险类别,细化操作规程和应急处置程序中的风险控制措施,对应矩阵所列具体项目(可一对一或多对一),编制专项培训课件,进行有针对性的培训,与现场实际实现有效对接。把人的不安全行为和物的不安全状态影像资料加入 HSE 培训课件当中,培训师在授课时,针对关键环节设置疑问,与员工互动研讨,让员工找风险、说案例、讲措施,真正使"矩阵、规程(应急程序等)、课件、培训师、员工"五个要素融为一体,切实强化 HSE 培训的直观性和实效性。

(3)进一步强化矩阵编制的规范性和指导性。分专业、分岗位开发应用基层 HSE 培训矩阵,为深入推广"需求型"HSE 培训模式提供成形、可参考的"相对固定式模板"。在矩阵编制开发过程中,应严格遵循"贴近岗位、贴近生产和直线负责"的编制原则,依据集团公司标准,结合生产实际,针对各专业工艺、技术、操作和设备等特点,遵照划分管理单元、梳理操作项目、开展危害分析、明确岗位需求、设定培训内容、设定培训等步骤编制矩阵。

(4)进一步完善基层 HSE 培训机制,不断强化资源保障。应加强组织领导,完善规章制度,强化考核和激励,促进岗位员工自主学习和参加集中培训有机结合、相得益彰。把基层 HSE 培训列为重要考核内容,生产型基层站队必须 100% 推广,生产岗位必须 100% 建立矩阵,员工必须 100% 接受 HSE 培训。把 HSE 培训作为技能鉴定、岗位晋级的基本条件,明确培训师选聘比例、条件、方法和激励政策。对培训师授课应采取发放酬金、享受操作骨干待遇等举措;对开发课件员工应给予奖励,鼓励人人争当培训师,强化 HSE 培训师队伍建设,切实为基层 HSE 培训工作提供人力资源保障。

第二章　常减压装置岗位 HSE 培训矩阵编制

常减压装置作为炼油生产的基本单元，主要承担着原油一次加工生产的工作任务，负责根据原油中各组分沸点不同，将原油进行蒸馏，生产的产品作为炼油二次加工装置的原料，是炼油加工的第一道工序。常减压装置一般设有班长、运行工程师、常减压外操、常减压内操等主要岗位，主要生产设备有塔、换热器、机泵等，存在着火灾爆炸、机械伤害、中毒窒息、环境污染等多种风险。结合常减压装置实际与专业特点，编制与应用 HSE 培训矩阵，开展岗位 HSE 培训，提升员工安全环保意识和风险管控能力是常减压装置安全环保工作的重中之重。

第一节　编制基本要求

按照“一个岗位一个矩阵，一级培训一级”的要求，常减压装置 HSE 培训矩阵编制工作应由车间牵头组织，成立以车间主任为组长的编制小组，制订编制方案，明确职责分工、进度与方法，组织开展编制工作。

一、HSE 培训矩阵编制原则

（1）风险管控原则。在全面开展风险识别和评价的基础上，围绕安全环保意识和风险管控能力提升，在通用安全知识、生产受控管理流程和 HSE 理念、方法与工具三个框架下设置培训内容；围绕操作过程风险控制，在岗位操作技能部分设置培训项目，达到全面识别和管控生产经营活动中 HSE 风险的目的。

（2）全员参与原则。在常减压装置岗位 HSE 培训矩阵编制过程中，工艺、设备、安全及岗位操作员工要全面参与，依靠管理和技术人员保证矩阵涵盖内容的准确性和完整性，依靠岗位操作员工结合岗位特点和工作经验，提高培训内容的实用性和针对性，也有利于岗位员工主动接受并自主使用。

（3）统一规范原则。为规范编制流程和有效推广应用，企业应根据自身的特点统一常减压装置岗位 HSE 培训矩阵的编制方法、流程和格式，以便于推广应用和矩阵的统一修订、维护。

（4）唯一有效原则。岗位职责不同，工作内容不同，上岗的基本要求也不同，因此培训内容也不尽相同。在编制培训矩阵时，要坚持分岗位编制，做到一个岗位一个矩阵。

二、HSE 培训矩阵编制依据

常减压装置岗位 HSE 培训矩阵要立足于员工能独立上岗的基本要求，在风险充分识别的基础上，主要以岗位职责、法律法规、规章制度和操作规程为编制依据。

（1）依据岗位职责。岗位职责规定了岗位员工应该“干什么”，HSE 培训矩阵规定了岗位员工因为“干什么”而需要“会什么”，所以编制基层岗位 HSE 培训矩阵，应紧密围绕岗位职责，充分考虑设计的项目是否为所在岗位需要进行的培训，是否为员工实际需要进行的培训，培训的深度是否与风险控制相匹配。在编制基层岗位 HSE 培训矩阵时应充分体现出专业、岗位的实际需求，做到"什么岗位培训什么内容"，以确保在满足员工现场操作、作业风险管控要求的前提下，减轻员工的培训负担。

(2)依据法律法规和规章制度。在编制培训矩阵过程中，要在收集、辨识现有法律法规、规章制度和标准规范的前提下，明确法律法规、规章制度对 HSE 培训内容、标准、方式方法的最高及个性要求，以及实施培训、接受培训的责任与义务规定和企业为满足法律法规要求制定的 HSE 方针、目标、理念及受控管理相关要求，确定法律法规、规章制度对员工 HSE 培训的最基本要求。

(3)依据操作规程。常规操作项目培训要与操作规程保持一致，要强化对操作步骤的风险分析。要围绕单独的操作项目，按照分解操作步骤、识别每个操作步骤存在的风险并进行评价，制订相应的防范消减措施和应急处置程序，确保风险识别覆盖到每一个区域、每一台设备、每一个操作环节。

(4)依据资源及要求。调查本企业、本单位培训制度、培训教材、操作规程、培训师资等培训资源以及员工培训愿望，充分利用和结合本企业现有培训资源，整合相关要求，最大限度降低 HSE 培训对正常生产工作的影响，作为培训矩阵编制的重要参考。

三、HSE 培训矩阵编制流程

根据 Q/SY 1519—2012《基层岗位 HSE 培训矩阵编写指南》的指导要求，基层岗位 HSE 培训矩阵的编制按照以下步骤进行(图 2 - 1)：

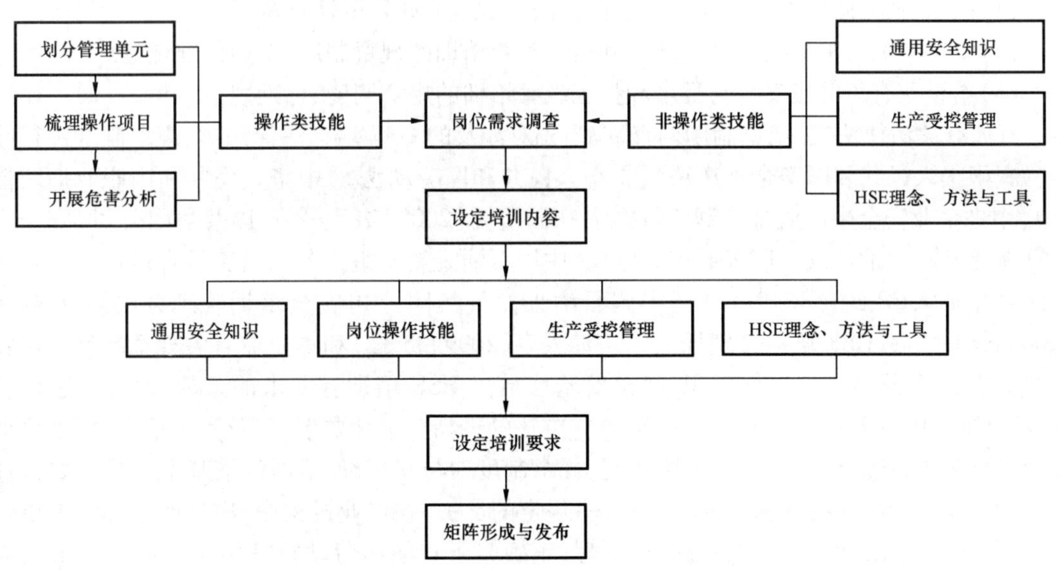

图 2 - 1　基层岗位 HSE 培训矩阵编制流程

(1)岗位需求调查：收集法律法规、标准规范、规章制度对培训的要求，岗位设置情况及企业对培训的要求，确定通用部分培训内容。

(2)划分管理单元：明确岗位管辖区域、设备设施、工艺流程及相关的作业活动。

(3)梳理操作项目：针对每个管理单元中所有操作项目进行梳理罗列。

(4)开展危害分析:分析每个操作项目中存在的风险和防控措施。

(5)设定培训内容:根据岗位职责,将每个操作项目与不同岗位相对应,并与通用部分培训项目共同形成不同岗位培训内容。

(6)设定培训要求:根据不同培训内容设定培训课时、培训周期、培训方式、培训效果和培训师资等培训要求。

(7)矩形形成与发布:形成 HSE 培训矩阵并经过评审后发布执行。

第二节　岗位需求调查

岗位培训需求是指为了满足特定岗位实际工作需要而应接受的培训内容。常减压装置岗位 HSE 培训矩阵建立前应进行岗位需求调查,确保所建立的矩阵符合有关要求和生产工作实际,确保实现按需培训。

一、法律法规、标准规范、规章制度调查

符合有关法律法规和上级要求,是开展基层 HSE 培训工作的前提,也是最基本的要求。在开展基层岗位 HSE 培训需求调查中,要首先对有关涉及员工 HSE 培训的法律法规、标准规范、规章制度进行调查,可由企业或单位企管法规部门组织实施,并将有关信息发布传递到基层站队,并确保法律法规的时效性和准确性,防止出现法律法规风险。

需要调查的法律法规、标准规范、规章制度应当包括但不限于以下方面:

(1)国家、地方政府有关安全生产、环境保护、职业病防治的法律法规。

(2)中国石油有关健康安全与环境和员工教育培训的规章制度、企业标准规范。

(3)本企业有关健康安全与环境和员工教育培训的规章制度、标准规范。

开展有关法律法规、规章制度调查,应当先对涉及的 HSE 培训法律法规、规章制度进行收集,如《中华人民共和国安全生产法》《中华人民共和国劳动法》《中华人民共和国职业病防治法》《中央企业安全生产监督管理暂行办法》(国资委〔2008〕21 号令),以及集团公司《安全生产管理规定》(中油质安字〔2004〕672 号)、《中国石油天然气集团公司员工教育培训工作管理办法》(中油人事〔2016〕519 号)、《中国石油天然气集团公司安全培训管理办法》(人劳字〔2004〕163 号)、《HSE 培训管理规范》(中油人事〔2009〕35 号)和本企业有关规章制度。对收集的法律法规、规章制度进行辨识,找出对基层员工 HSE 培训有要求的条款,比较各法律法规、规章制度中对 HSE 培训内容、标准、方式方法的最高及个性要求,以及实施培训、接受培训的责任与义务的规定,确定有关法律法规、规章制度对员工 HSE 培训的最基本要求。如通过调查,识别出《中华人民共和国安全生产法》规定的员工“在作业过程中,应当严格遵守本单位的安全生产规章制度和操作规程,服从管理,正确佩戴和使用劳动防护用品”的要求;最高人民法院、最高人民检察院《关于办理环境污染刑事案件适用法律若干问题的解释》(2017 年 1 月 1 日施行)关于“非法排放、倾倒、处置危险废物”承担刑责的有关要求;以及企业关于炼油装置安全生产、清洁生产的有关制度、标准要求等。

二、岗位职责调查

岗位职责是编制基层岗位 HSE 培训矩阵的重要依据,不同的岗位职责,决定了其所应具

备的技能和掌握程度不同，也就是不同岗位的培训内容不尽相同。因此，开展岗位职责调查是编制基层 HSE 培训矩阵的前提条件，要根据劳动组织形式和生产工艺或施工作业以及定员确定生产岗位设置，明确岗位分工。基层岗位 HSE 培训重点是实现“分岗位、短课时、小范围、多形式”，根据不同岗位对员工最低能力要求的不同，科学设定不同岗位的培训内容，优化培训资源，避免资源浪费。因此，要根据不同企业、不同组织形式和岗位职责确定岗位设置。

三、培训现状调查

随着企业的发展和安全环保管理的不断提升，岗位 HSE 培训需求发生很大变化，但由于各企业专业不同、发展不平衡，HSE 培训资源、能力与需求存在一定的差异，因此在确定基层岗位 HSE 培训需求时，应根据需要在一定范围内，对以下有关 HSE 培训现状进行调查：

(1)调查企业安全环保对岗位员工 HSE 能力要求。统计分析企业总体或者阶段事故(事件)、违章发生数量、原因、规律，找出岗位员工 HSE 能力与事故(事件)、违章关联程度；开展交流、测试、评估，分析岗位员工 HSE 能力状况；研判企业发展和内外部环境变化，分析岗位员工现有 HSE 能力适应程度。通过调查分析，确认企业对岗位员工 HSE 能力有哪些要求。

(2)调查岗位员工接受 HSE 培训需求。以岗位员工为主要对象，从企业发展和安全环保情况，以及员工个人发展愿景出发，调查了解岗位员工个人对 HSE 培训需求。

(3)调查现有 HSE 培训机制。以 HSE 培训政策、制度、责任、管理方式、培训方法等为重点，调查分析对 HSE 培训的影响，是否适应岗位员工 HSE 培训的需要。

(4)调查现有 HSE 培训资源。重点调查现有可用于 HSE 培训的场地、器械、教材、操作规程、师资等数量、质量，评估是否能够满足岗位员工 HSE 培训的需要。

(5)调查基层生产工作组织形式。以主体岗位为主，测算正常状态下可用于岗位员工 HSE 培训的时间、时段，分析 HSE 培训对岗位员工正常生产工作可能带来的最大影响。

HSE 培训需求调查可以采取观察、交流、问卷调查、测试，以及查阅有关违章和事故记录、绩效考核资料信息等方式方法进行，对调查结果进行分类统计汇总，以便分析。

四、培训内容调查

通过法律法规、标准规范、规章制度调查和岗位职责调查分析，确定岗位对员工能力要求，重点关注以下四个方面：

(1)通用安全知识。包括 HSE 规章制度、安技装备使用、劳动防护用品使用、应急救护、典型事故案例、常用危化品知识等。

(2)岗位操作技能。包括员工所在岗位工艺正常操作、开工操作、停工操作、DCS 仿真操作、通用设备操作、专用设备操作、事故判断预处理、DCS 系统操作等。

(3)生产受控管理。包括作业许可、工作前安全分析、变更管理等。

(4)HSE 理念、方法与工具。包括属地管理、安全观察与沟通、目视化管理等。

第三节 划分管理单元

管理单元是指由岗位员工负责管理、操作、维护并需要有操作规程进行指导操作的设备、设施、装置或相对独立的功能区域以及相关的生产作业活动。

一、基本要求

划分管理单元的目的是保证所有的设备设施、装置和工作区域都被识别，并纳入管理范畴，便于识别所有作业管理活动，并对识别出的管理操作活动进行操作项目梳理，辨识所有运行、维护、保养等活动中的风险，保证操作项目全覆盖、无遗漏，实现安全操作，风险可控。

管理单元划分是否科学，直接关系到操作项目的全面性，要针对常减压装置的特点科学采取管理单元划分方法。常减压装置在设备设施方面，主要有塔、机泵、换热器等布局状分布设备，以及中心控制操作室、外操室等工作区域和巡检等相关作业活动。因此，常减压装置管理单元按照设备装置、工作区域和相关作业活动相结合的方法，可以做到全面识别所有的管理活动。

二、常减压装置管理单元划分

1. 划分管理单元

划分管理单元时，应在调查分析的基础上，对常减压装置负责管理的设备设施、装置、工作区域和相关作业活动进行全面、系统梳理，以炼化装置连续生产的特点和功能划分管理单元。

2. 明确管理内容

针对已划分的管理单元，按照生产运行、工艺流程及设备设施管理要求，分解每个管理单元的管理内容。

［例］ 某常减压装置包括塔、换热器、机泵等设备设施，承担原油一次加工任务。全班设有班长、内操和外操3个岗位。

(1)划分常减压装置管理单元。

按照基本技能划分，划分为8个管理单元，详见表2-1。

表2-1 某常减压装置管理单元清单(按基本技能划分)

序号	管理单元	备注
1	工艺正常操作	
2	开工操作	
3	停工操作	
4	DCS仿真操作	
5	通用设备操作	
6	专用设备操作	
7	事故判断与处理	
8	DCS系统操作	

按照岗位区域划分，划分为3个管理单元，详见表2-2。

表2-2 某常减压装置管理单元清单(按岗位区域划分)

序号	管理单元	备注
1	班长岗位	
2	内操岗位	
3	外操岗位	

（2）明确管理内容。将该装置每个管理单元分解成若干项管理内容，如工艺正常操作单元可分解为加剂操作、采样操作等12个方面的管理内容，详见表2－3。

表2－3　某常减压装置管理单元的管理内容汇总表

序号	管理单元	管理内容	备注
1	工艺正常操作	控制阀改副线的操作等	
2	开工操作	引蒸汽的操作等	
3	停工操作	塔类设备的蒸汽置换操作等	
4	DCS仿真操作	装置开工模拟操作等	
5	通用设备操作	离心泵启、停、切换操作等	
6	专用设备操作	常顶气压缩机操作（启、停）等	
7	事故判断与处理	紧急停工方案等	
8	DCS系统操作	装置主要控制回路操作等	

三、注意事项

（1）管理单元要涵盖所有的设备、装置。要通过设备清查，建立设备设施统计表。

（2）管理单元要涵盖所有工作区域。将整个管理区域划分成不同类别的功能区域，同时确认每个功能区域内的设备、装置，汇总之后与设备、装置统计情况进行对照。

（3）管理单元要进行现场识别确认。管理单元清单建立后，基层站队应组织员工按照梳理的管理单元清单，进行现场确认，保证识别的管理单元符合实际，全面、无遗漏。

第四节　梳理操作项目

操作项目是指根据管理内容划分出的相对独立、完整，不存在重叠和交叉，需要辨识操作风险并能够实施控制的单项操作活动。

一、基本要求

梳理操作项目的目的是验证岗位操作是否覆盖了所有操作项目，以确保所有操作风险受控。每一个管理单元包含若干个操作项目，针对管理单元中涉及的操作，结合生产工艺和施工作业技术、条件以及环境特点，按照操作规程、设备设施修保制度以及风险控制和培训需要，把管理内容分解为独立的操作项目。

梳理操作项目应该遵循以下原则：

（1）保证操作项目的全面性。每个操作项目应当具有相应的操作规程，要满足操作前准备与检查、操作步骤、操作后检查和应急处置四个方面的要求。

（2）保证操作项目的独立性。按照工序节点、检维修部位（部件）、参数控制进行梳理，要满足每个管理内容中梳理的操作项目之间没有操作步骤的交叉和重叠。

二、操作项目梳理

在管理单元划分的基础上，根据岗位技术、环境条件，对管理单元对应的管理内容进行操作项目的梳理分解。

例如，某常减压装置部分操作项目划分为8个管理单元，分解为61个操作项目，见表2－4。

表2－4　某常减压装置部分操作项目汇总表

序号	管理单元	操作项目	备注
1	工艺正常操作	控制阀改副线的操作	
2		加剂的操作	
3		采样的操作	
4		电脱盐操作温度的控制和调节	
5		常压炉出口温度的控制和调节	
6		柴油FP、SP、95%点馏出温度的控制和调节	
7		常渣350℃馏出的控制和调节	
8		减二线95%点和比色的控制和调节	
9		常压塔顶压力的控制和调节	
10		常压塔底汽提吹汽量的控制和调节	
11		常底液面的控制和调节	
12		减压塔真空度的控制和调节	
13	开工操作	引蒸汽操作	
14		引氮气操作	
15		系统吹扫、试压注意事项	
16		装置进油开路循环操作	
17		装置进油闭路循环操作	
18		加热炉点火的操作	
19		减压抽真空的操作	
20		开工收封油的操作	
21		开工收汽油、柴油	
22		开工收蜡油操作	
23		燃料油系统投用循环的操作	
24	停工操作	塔类设备的蒸汽置换操作	
25		加热炉停炉的操作	
26		减压消真空的操作	
27		电脱盐罐退油的操作	
28		常压系统退油的操作	
29		减压系统退油的操作	
30	DCS仿真操作	装置开工模拟操作	
31		装置停工模拟操作	
32		装置事故处理模拟操作	

续表

序号	管理单元	操作项目	备注
33	通用设备操作	离心泵启、停、切换操作	
34		风机的启、停运操作	
35		换热器投用、停用操作	
36		风动隔膜泵的启、停操作	
37		螺杆泵启、停、切换操作	
38		干式/喷淋蒸发式、板式空冷器启、停运操作	
39		高危介质泵机封辅助系统操作(投用、停用)	
40		鼓风机、引风机的启停操作	
41		机泵润滑油加油、换油操作	
42		机泵盘车操作	
43	专用设备操作	常顶气压缩机操作(启、停)	
44		水环真空泵操作(启、停)	
45	事故判断与处理	紧急停工方案	
46		换热器泄漏的应急处理	
47		装置停电、晃电的应急处理	
48		原油带水的应急处理	
49		闪底泵抽空的应急处理	
50		常底泵抽空的应急处理	
51		减底泵抽空的应急处理	
52		减压真空度波动的应急处理	
53		电脱盐混合压差阀卡的应急处理	
54		常压塔冲塔的应急处理	
55		瓦斯压力下降或中断的应急处理	
56		低压蒸汽压力大幅度下降或中断的应急处理	
57	DCS 系统操作	DCS 系统常规操作:历史数据查询、过程报警处理、设定值修改、调节阀手自动切换等	
58		装置主要控制回路操作	
59		常压炉工艺联锁系统操作	
60		减压炉工艺联锁系统操作	
61		常减压设备联锁系统操作	

三、注意事项

在梳理操作项目过程中,不能“过粗”也不能“过细”,要把握原则和尺度。

(1)不能将管理单元与操作项目混淆。因为一个单独的操作项目对应一个操作规程,如果将管理单元作为操作项目,势必造成培训内容过大而产生“大课堂”现象,不利于员工理解和掌握。

(2)不能将操作项目与操作步骤混淆。一个操作项目包含多个操作步骤,将操作步骤作为操作项目,势必造成培训内容过小而使培训矩阵过于“臃肿”。例如制作阀门法兰垫片是更换法兰连接阀门的一个操作步骤,不能作为一个单独的操作项目加以确定。

第五节　开展危害分析

对每个操作项目开展危害因素辨识,目的是明确操作项目存在的风险,为设定培训要求、编制培训课件、完善操作规程提供支持。

一、危害分析的基本方法

在开展危害分析时,要确保风险识别覆盖每个操作步骤,辨识操作前、操作中、操作后的风险,纳入岗位培训需求,为岗位培训矩阵应用奠定基础。班组危害分析可以采用工作前安全分析(JSA)、安全检查表(SCL)、故障树分析(FTA)和事件树分析(ETA)等。

(1)将操作项目划分成具体的操作步骤。组织员工参照操作规程、工艺流程、生产参数、设备说明等,对操作项目进行操作步骤分解,具体到开关阀门、启停设备、投用联锁等操作节点。

(2)对每个操作步骤中存在的危害因素进行辨识和评价。识别每个操作步骤中可能存在的不安全行为和不安全状态,并利用经验法进行风险评价,制订风险控制措施。

(3)完善操作规程和应急处置程序。根据工作前安全分析结果,对照现有的管理程序,制修订操作规程和应急处置程序。

二、操作项目主要风险分析

(1)将操作项目划分成具体的操作步骤。

[例]　离心泵开机操作步骤划分,详见表2-5。

表2-5　离心泵开机操作步骤划分清单

序号	操作顺序	操作步骤
1	操作前准备	穿戴劳动保护用品
2		准备工具用具
3	启动前的确认	确认泵单机试运完毕
4		确认泵处于无工艺介质状态
5		确认泵入口过滤器精密滤网拆除
6		确认联轴器安装完毕
7		确认防护罩牢固、地脚螺栓紧固无缺失
8		确认泵的机械、仪表、电气检查内容
9		确认泵盘车灵活
10		确认封油引至泵前
11		确认机械密封辅助系统处于完好备用状态
12		确认冷却水引至泵前

续表

序号	操作顺序	操作步骤
13	启动前的确认	确认润滑油符合要求
14		确认轴承箱油位在1/2～2/3处
15		确认泵的出口和入口阀关闭
16		确认预热阀关闭
17		确认泵的排凝和放空阀打开
18		确认泵的电动机开关处于关或停止的状态
19		确认电动机断电
20		确认出入口扫线蒸汽阀门关闭，盲板隔离
21		确认高温缓蚀剂及稀释油阀门关闭
22	开泵准备	关闭泵的出入口排凝阀
23		关闭泵的跨线
24		确认压力表安装好，指示归零
25		投用压力表
26		投用冷却水
27		投用润滑油系统
28		投用机封密封辅助系统
29		离心泵灌泵
30	离心泵开泵	联系维护车间送电
31		确认电动机送电
32		确认泵出口阀关闭
33		确认盘车灵活
34		启动电动机
35		确认泵出口达到启动压力且稳定
36		缓慢打开泵出口阀
37		缓慢打开高温缓蚀剂及稀释油阀门
38		高温缓蚀剂系统投用正常
39		确认泵出口压力，电动机电流在正常范围内
40	启动后调整及确认	确认排凝阀或放空阀无泄漏
41		用便携式测振仪监测机泵振动情况
42		用便携式测温仪监测轴承温度
43		确认润滑油液位正常，没有泄漏、甩油等现象
44		确认介质无泄漏
45		确认冷却水正常
46		确认机封密封辅助系统正常
47		确认封油系统运行正常

续表

序号	操作顺序	操作步骤
48	启动后调整及确认	确认电动机电流正常
49		用便携式测振仪监测电动机振动情况
50		用便携式测温仪监测电动机温度
51		确认电动机风扇转动正常
52		确认泵入口压力稳定
53		确认泵出口压力稳定
54		确认泵出口阀打开
55		确认单向阀的旁路阀关闭
56		确认排凝阀、放空阀盲板或丝堵加好
57		确认泵出口压力在正常稳定状态
58		确认动静密封点及机械密封无泄漏
59		确认机泵出口流量正常，满足生产需要

(2)对每个操作步骤开展危害因素辨识与评价。

[例]　离心泵开机准备危害因素辨识与控制清单，详见表2－6。

表2－6　离心泵开机准备危害因素辨识与控制清单

序号	操作顺序	操作步骤	危害因素	危害后果	应采取的风险控制措施
1	操作前准备	穿戴劳动保护用品	未正确穿戴劳动保护用品(工服、手套、安全帽)	物体打击、磕碰伤、划伤	配备配全劳保用品并正确穿戴(工服、手套、安全帽)
2		准备工具用具	未准备和使用工具(扳手等)	磕碰伤、划伤、摔伤	按照作业要求正确选用和使用工具
3			易燃易爆管线及场所未准备和使用非防爆工具	火灾、爆炸	存在易燃易爆气体的场所或管线操作时应使用防爆型工具

三、危害分析结果应用

危害分析是合理、规范编制HSE培训矩阵的重要工作环节，其结果不仅能够为编制和应用矩阵提供依据，而且也是强化HSE基础管理工作、推动岗位职责履行的关键性工作。

(1)完善操作规程。把危害分析结果与基层现有操作规程进行比对，能够检验操作规程是否覆盖所有操作活动，内容是否符合要求，是否能够做到定量可操作。

(2)规范HSE检查表。在危害辨识和评估的基础上，依据国家、行业和企业标准，能够进一步规范现场HSE检查表，明确规定出设备设施完整性标准和检查责任、频次及方法。

（3）强化应急处置卡的针对性和操作性。根据对异常和紧急情况的风险分析，能够有效查找出基层岗位应急处置卡在管理环节、技术措施上的不足，并有针对性地加以完善，从而增强应急处置卡的操作性。

（4）进一步明确岗位培训需求。基于风险分析基础上的管理单元划分会更合理，风险防控的重点会更突出，因此针对不同岗位的培训需求将更精准，能够真正做到“缺什么补什么”。

四、注意事项

（1）要确保风险识别覆盖每一个操作步骤。基层单位应成立危害因素辨识与评价小组，组织员工开展工作前安全分析活动，通过查阅操作规程、作业指导书、“三违”记录、相关事故（事件）分析报告、现场观察等方式，对每个操作步骤可能存在的危害因素进行识别和确认。

（2）要强化风险告知与经验分享。根据风险评价的结果，对照操作规程进行有效性分析，对管理方案、现场检查表、教育培训、监督检查等进行补充完善。充分利用班前会、交接班等时机，组织员工分享风险内容，使岗位风险入脑入心。危害因素识别的过程本身就是一个行之有效的培训方式。

第六节 设定培训内容

培训内容是 HSE 培训矩阵的核心，应根据常减压装置实际情况及岗位设置开展岗位需求调查分析进行确定的，是为了满足特定岗位的实际工作需要而应接受的培训项目。

一、培训内容的分类

基层岗位 HSE 培训的目的就是提升岗位员工风险控制能力，能够运用有效的 HSE 管理工具和方法辨识风险，运用法律法规、规章制度、标准规范要求在生产生活中控制风险。因此，岗位员工应该在以下四个方面确定培训内容。

（1）通用安全知识。

（2）岗位操作技能。

（3）生产受控管理。

（4）HSE 理念、方法与工具。

二、岗位培训内容确定

1. 通用安全知识培训内容的确定

通用安全知识培训是基层岗位 HSE 培训矩阵的通用培训项目，培训的目的是让每位员工都要了解或掌握与生产生活密切相关的安全知识以及反违章禁令等要求。按照岗位职责调查分析结果，常减压装置通用安全知识可包括以下内容：

（1）HSE 规章制度（包括入厂安全须知、人身安全十大禁令、防火防爆十大禁令、车辆安全十大禁令、防止中毒窒息十条规定、防止静电危害十条规定、防止硫化氢中毒十条规定、中国石油反违章六条禁令、中国石油 HSE 管理九项原则等）。

（2）安技装备使用（包括正压式空气呼吸器的使用、便携式气体检测仪的使用、消防器材使用、防毒面具的使用、洗眼器的使用等）。

(3)劳动防护用品使用(包括安全帽、护目镜、面罩使用,防护手套、服装、鞋的使用等)。

(4)应急救护(包括心肺复苏技能、硫化氢中毒的救护、火灾报警演示等)。

(5)典型事故案例(火灾爆炸、中毒窒息、机械伤害、物体打击、高处坠落、触电和其他等)。

(6)常用危化品知识(硫化氢、液化石油气、原油、汽油、干气、氨、氮气、二氧化硫和硫化亚铁等)。

以某常减压装置为例,每个岗位都应进行的通用安全知识培训项目见表2-7。

表2-7 某常压减装置岗位员工通用安全知识培训项目统计表

序号	通用安全知识培训项目	班长	内操	外操	备注
1	入厂安全须知	√	√	√	
2	人身安全十大禁令	√	√	√	
3	防火防爆十大禁令	√	√	√	
4	车辆安全十大禁令	√	√	√	
5	防止中毒窒息十条规定	√	√	√	
6	防止静电危害十条规定	√	√	√	
7	防止硫化氢中毒十条规定	√	√	√	
8	中国石油反违章六条禁令	√	√	√	
9	中国石油 HSE 管理九项原则	√	√	√	
10	正压式空气呼吸器的使用	√	√	√	
11	便携式气体检测仪的使用	√	√	√	
12	消防器材使用	√	√	√	
13	防毒面具的使用	√	√	√	
14	洗眼器使用	√	√	√	
15	安全帽、护目镜、面罩使用	√	√	√	
16	防护手套、服装、鞋的使用	√	√	√	
17	心肺复苏技能	√	√	√	
18	硫化氢中毒的救护	√	√	√	
19	火灾报警演示	√	√	√	
20	火灾爆炸	√	√	√	
21	中毒窒息	√	√	√	
22	机械伤害	√	√	√	
23	物体打击	√	√	√	
24	高处坠落	√	√	√	
25	触电	√	√	√	
26	其他	√	√	√	
27	硫化氢	√	√	√	
28	液化石油气	√	√	√	
29	原油	√	√	√	

续表

序号	通用安全知识培训项目	班长	内操	外操	备注
30	汽油	√	√	√	
31	干气	√	√	√	
32	氨	√	√	√	
33	氮气	√	√	√	
34	二氧化硫	√	√	√	
35	硫化亚铁	√	√	√	

注:“√”表示该岗位应培训的项目。

2. 本岗位操作技能培训内容的确定

岗位操作技能是基层岗位 HSE 培训矩阵的个性化部分,是针对某一岗位涉及的操作而需要培训的项目,培训的重点是操作过程中的危害因素辨识和风险控制方法、操作技术要求和应急处置程序。基本操作技能培训项目应当根据不同岗位、不同操作项目确定。某常减压装置(岗位)操作项目清单见 2 - 8,班长岗、内操岗和外操岗的培训矩阵见附录 2 至附录 4。

表 2 - 8　某常减压装置(岗位)操作项目清单

序号	操作项目	班长	内操	外操	备注
1	工艺正常操作				
1.1	控制阀改副线的操作	√	√	√	
1.2	加剂的操作	√	√	√	
1.3	采样的操作	√	√	√	
1.4	电脱盐操作温度的控制和调节	√	√	√	
1.5	常压炉出口温度的控制和调节	√	√	√	
1.6	柴油 FP、SP、95% 点馏出温度的控制和调节	√	√	√	
1.7	常渣 350℃ 馏出的控制和调节	√	√	√	
1.8	减二线 95% 点和比色的控制和调节	√	√	√	
1.9	常压塔顶压力的控制和调节	√	√	√	
1.10	常压塔底汽提吹汽量的控制和调节	√	√	√	
1.11	常底液面的控制和调节	√	√	√	
1.12	减压塔真空度的控制和调节	√	√	√	
2	开工操作				
2.1	引蒸汽操作	√	√	√	
2.2	引氮气操作	√	√	√	
2.3	系统吹扫、试压注意事项	√	√	√	
2.4	装置进油开路循环操作	√	√	√	
2.5	装置进油闭路循环操作	√	√	√	
2.6	加热炉点火的操作	√	√	√	
2.7	减压抽真空的操作	√	√	√	

续表

序号	操作项目	班长	内操	外操	备注
2.8	开工收封油的操作	√	√	√	
2.9	开工收汽油、柴油	√	√	√	
2.10	开工收蜡油操作	√	√	√	
2.11	燃料油系统投用循环的操作	√	√	√	
3	停工操作				
3.1	塔类设备的蒸汽置换操作	√	√	√	
3.2	加热炉停炉的操作	√	√	√	
3.3	减压消真空的操作	√	√	√	
3.4	电脱盐罐退油的操作	√	√	√	
3.5	常压系统退油的操作	√	√	√	
3.6	减压系统退油的操作	√	√	√	
4	DCS 仿真操作				
4.1	装置开工模拟操作	√	√	√	
4.2	装置停工模拟操作	√	√	√	
4.3	装置事故处理模拟操作	√	√	√	
5	通用设备操作				
5.1	离心泵启、停、切换操作	√	√	√	
5.2	风机的启、停运操作	√	√	√	
5.3	换热器投用、停用操作	√	√	√	
5.4	风动隔膜泵的启、停操作	√	√	√	
5.5	螺杆泵启、停、切换操作	√	√	√	
5.6	干式/喷淋蒸发式、板式空冷器启、停运操作	√	√	√	
5.7	高危介质泵机封辅助系统操作(投用、停用)	√	√	√	
5.8	鼓风机、引风机的启停操作	√	√	√	
5.9	机泵润滑油加油、换油操作	√	√	√	
5.10	机泵盘车操作	√	√	√	
6	专用设备操作				
6.1	常顶气压缩机操作(启、停)	√	√	√	
6.2	水环真空泵操作(启、停)	√	√	√	
7	事故判断与处理				
7.1	紧急停工方案	√	√	√	
7.2	换热器泄漏的应急处理	√	√	√	
7.3	装置停电、晃电的应急处理	√	√	√	
7.4	原油带水的应急处理	√	√	√	
7.5	闪底泵抽空的应急处理	√	√	√	

续表

序号	操作项目	班长	内操	外操	备注
7.6	常底泵抽空的应急处理	√	√	√	
7.7	减底泵抽空的应急处理	√	√	√	
7.8	减压真空度波动的应急处理	√	√	√	
7.9	电脱盐混合压差阀卡的应急处理	√	√	√	
7.10	常压塔冲塔的应急处理	√	√	√	
7.11	瓦斯压力下降或中断的应急处理	√	√	√	
7.12	低压蒸汽压力大幅度下降或中断的应急处理	√	√	√	
8	DCS 操作系统				
8.1	DCS 系统常规操作：历史数据查询、过程报警处理、设定值修改、调节阀手自动切换等	√	√	√	
8.2	装置主要控制回路操作	√	√	√	
8.3	常压炉工艺联锁系统操作	√	√	√	
8.4	减压炉工艺联锁系统操作	√	√	√	
8.5	常减压设备联锁系统操作	√	√	√	

注："√"表示该岗位应培训的项目。

3. 生产受控管理培训内容的确定

生产受控管理流程是基层岗位员工落实属地管理责任应当了解或掌握的内容，是根据受控管理需要培训的项目，目的是让岗位员工了解企业有关受控管理要求，掌握本岗位涉及的受控管理内容和管理制度，并应用到 HSE 管理中。根据常减压装置生产运行过程中存在的危险作业、工艺设备、变更风险控制、工具方法运用等实际情况，常减压装置的生产受控管理培训项目主要包括：

(1)工艺记录填写规范。

(2)日常巡检规范。

(3)工艺纪律检查内容。

(4)操作卡填写及操作确认。

(5)变更管理。

(6)工作循环分析。

(7)作业许可。

以某常减压装置为例，每个岗位都应进行的生产受控管理培训项目见表 2－9。

表 2－9　某常减压装置生产受控管理培训项目统计表

序号	生产受控管理流程培训项目	班长	内操	外操	备注
1	工艺记录填写规范	√	√	√	
2	日常巡检规范	√	√	√	
3	工艺纪律检查内容	√	√	√	

续表

序号	生产受控管理流程培训项目	班长	内操	外操	备注
4	操作卡填写及操作确认	√	√	√	
5	变更管理	√	√	√	
6	工作循环分析	√	√	√	
7	作业许可	√	√	√	

注:"√"表示该岗位应培训的项目。

4. HSE 理念、方法与工具培训内容的确定

HSE 理念、方法与工具是根据企业 HSE 体系建设推进需要而设定的培训项目,通过培训使班组员工了解国家、行业、企业有关 HSE 要求,熟悉并能够应用 HSE 管理方法与工具开展日常 HSE 管理工作。HSE 理念、方法与工具培训项目主要包括以下内容:

(1)属地管理。

(2) 安全观察与沟通。

(3)目视化管理。

(4)工作安全分析。

(5)事件分析。

(6)6S 管理。

以某常减压装置为例,每个岗位应进行的 HSE 理念、方法与工具培训项目见表 2-10。

表 2-10 某常减压装置岗位员工 HSE 理念、方法与工具培训项目统计表

序号	HSE 理念、方法与工具培训项目	班长	内操	外操	备注
1	属地管理	√	√	√	
2	安全观察与沟通	√	√	√	
3	目视化管理	√	√	√	
4	工作安全分析	√	√	√	
5	事件分析	√	√	√	
6	6S 管理	√	√	√	

注:"√"表示该岗位应培训的项目。

三、注意事项

(1)培训内容应和岗位职责相对应。在全面梳理岗位职责的前提下,操作项目是本岗位能够履行岗位职责而必须具备的操作技能,在初始阶段,应尽量避免提高岗位技能水平的需求。

(2)培训内容的范围不宜过宽。本岗位操作技能部分只针对本岗位涉及的操作项目即可,不搞大而全。通用安全知识、生产受控管理流程以及 HSE 理念、方法与工具的培训内容要切合操作岗位员工的实际,将最基本的与岗位密切相关的理念、知识和有关法律、规章的条款进行培训即可。

(3)要加强与岗位员工的沟通。不同企业管理机制不同,岗位操作项目和技能水平要求也有所不同,因此要与员工进行沟通或以工作写实的方式对岗位操作项目进行确认,确保符合管理实际。

第七节 设定培训要求

培训要求是指为实施培训设定的方法及资源，对规范实施培训具有重要的指导作用。

一、基本要求

培训要求是确保培训有效实施的保障，要明确需要培训多长时间、多长时间再培训一次、采取什么方式、达到的预期效果、由谁实施培训等，是对基层岗位员工培训的基本要求。包括培训课时、培训周期、培训方式、考核方式和培训师资5个方面。

二、培训要求设定

1. 培训课时

HSE培训课时是指针对某一培训项目需要的授课时间，要根据培训内容多少、接受难易程度、需要达到的效果等确定。

以某常减压装置班长、内操、外操岗位为例，每个岗位的单项培训课时确定见表2-11。

表2-11 某常减压装置岗位员工HSE培训课时确定汇总表(部分)

序号	培训项目	班长	内操	外操	备注
1	通用安全知识				
1.1	HSE规章制度				
1.1.1	入厂安全须识	0.5	0.5	0.5	
…	火灾报警演示	0.5	0.5	0.5	
…	……	…	…	…	
2	岗位操作技能				
2.1	工艺正常操作				
2.1.1	控制阀改副线的操作	1	1	1	
…	减压炉工艺联锁系统操作	2	2	2	
…	……	…	…	…	
3	生产受控管理				
3.1	工艺记录填写规范	1	1	1	
3.2	日常巡检规范	1	1	1	
…	……	…	…	…	
4	HSE理念、方法与工具				
4.1	属地管理	1	1	1	
4.2	安全观察与沟通	1	1	1	
…	……	…	…	…	

注：培训课时单位为(h)。

2. 培训周期

HSE培训周期是指同一内容两次培训的间隔时间。HSE培训周期的确定,可在国家、行业、企业有关规定范围内,结合员工知识更新速度等实际,按照下列基本原则确定:

(1)所有培训项目最长培训周期不超过3年。如无特殊要求的操作技能培训,培训周期可确定为3年,但不能超过3年。

(2)一般需要员工达到"了解"和"掌握"的培训项目,培训周期可不小于1年,不超过3年。

(3)事故案例等需要随时进行的培训项目应当不确定周期。

(4)新入厂、调换工种、转岗、复工等岗位员工HSE培训,或者因规章制度、设备设施、工艺技术等变更应当进行的HSE培训,以及其他专项培训,可不受周期限制。

以某常减压装置为例,每个岗位的单项培训周期确定见表2-12。

表2-12 某常减压装置岗位员工HSE培训周期确定汇总表(部分)

序号	培训项目	班长	内操	外操	备注
1	通用安全知识				
1.1	HSE规章制度				
1.1.1	入厂安全须识	1年	1年	1年	
…	火灾报警演示	2年	2年	2年	
…	……	……	……	……	
2	岗位操作技能				
2.1	工艺正常操作				
2.1.1	控制阀改副线的操作	1年	1年	1年	
…	减压炉工艺联锁系统操作	2年	2年	2年	
…	……	……	……	……	
3	生产受控管理流程				
3.1	工艺记录填写规范	2年	2年	2年	
3.2	日常巡检规范	2年	2年	2年	
…	……	……	……	……	
4	HSE理念、方法与工具				
4.1	属地管理	2年	2年	2年	
4.2	安全观察与沟通	2年	2年	2年	
…	……	……	……	……	

3. 培训方式

HSE培训方式是指根据不同的培训项目、培训效果、培训对象可采取的培训手段或形式,主要有课堂、现场、会议(包括自学、告知、网络培训)等形式,针对一些特殊培训项目或条件较特殊的对象也可以不限定具体的培训形式。HSE培训方式可按照下列基本原则确定:

(1)需要动手操作的项目,以实际操作培训为主,课堂讲授与现场演练相结合。

(2)属于理念、理论性的内容,以课堂授课或会议告知为主。

(3)不限定员工自学。

以某常减压装置为例,每个岗位的单项培训方式确定见表2-13。

表2-13　某常减压装置岗位员工HSE培训方式确定汇总表(部分)

序号	培训项目	班长	内操	外操	备注
1	通用安全知识				
1.1	HSE规章制度				
1.1.1	入厂安全须识	授课	授课	授课	
…	火灾报警演示	授课+现场	授课+现场	授课+现场	
…	……	……	……	……	
2	岗位操作技能				
2.1	工艺正常操作				
2.1.1	控制阀改副线的操作	课堂+现场	课堂+现场	课堂+现场	
…	减压炉工艺联锁系统操作	课堂+现场	课堂+现场	课堂+现场	
…	……	……	……	……	
3	生产受控管理流程				
3.1	工艺记录填写规范	课堂	课堂	课堂	
3.2	日常巡检规范	课堂	课堂	课堂	
…	……	……	……	……	
4	HSE理念、方法与工具				
4.1	属地管理	课堂	课堂	课堂	
4.2	安全观察与沟通	课堂+现场	课堂+现场	课堂+现场	
…	……	……	……	……	

4.考核方式

HSE培训效果是指员工经过培训后,通过考核希望或者要求达到的目标,一般分为“笔试”“评价”“仿真”“演练”等。HSE培训效果可按照以下基本原则确定:

(1)属于理念和理论性或与非岗位技能现场操作的培训项目,考核方式可确定为“笔试”,如工艺正常操作、规章制度等。

(2)属于本岗位直接操作的项目和涉及的生产受控项目,要求经过培训后必须达到独立操作的培训项目,应当确定为“评价”,如本岗位操作技能的部分培训项目。

(3)对于事故判断与处理,通过“演练”综合评估。

以常减压装置为例,每个岗位的单项考核方式确定见表2-14。

表2-14　某常减压装置岗位员工HSE考核方式确定汇总表(部分)

序号	培训项目	班长	内操	外操	备注
1	通用安全知识				
1.1	HSE规章制度				

续表

序号	培训项目	班长	内操	外操	备注
1.1.1	入厂安全须识	笔试	笔试	笔试	
…	火灾报警演示	实操	实操	实操	
…	……	……	……	……	
2	岗位操作技能				
2.1	工艺正常操作				
2.1.1	控制阀改副线的操作	笔试	笔试	笔试	
…	减压炉工艺联锁系统操作	评价	评价	评价	
…	……	……	……	……	
3	生产受控管理流程				
3.1	工艺记录填写规范	评价	评价	评价	
3.2	日常巡检规范	评价	评价	评价	
…	……	……	……	……	
4	HSE 理念、方法与工具				
4.1	属地管理	评价	评价	评价	
4.2	安全观察与沟通	评价	评价	评价	
…	……	……	……	……	

5. 培训师资

培训师资是指能够满足某一培训项目需要的授课人员。

培训师资确定的基本原则：

(1)除特种作业岗位员工取证培训以外，其他岗位员工培训按照直线责任，由技术人员或班组长等人员培训。

(2)技术人员或班组长等不具备相应能力的由其他培训师授课。

(3)对特种作业岗位员工操作培训的培训师，应当具有相应的特种作业资质。

以某常减压装置为例，每个岗位的单项培训师资确定见表2-15。

表2-15　某常减压装置岗位员工 HSE 培训师资确定汇总表(部分)

序号	培训项目	班长	内操	外操	备注
1	通用安全知识				
1.1	HSE 规章制度				
1.1.1	入厂安全须识	班组长或安全员	班组长或安全员	班组长或安全员	
…	火灾报警演示	班组长或安全员	班组长或安全员	班组长或安全员	
…	……	……	……	……	

续表

序号	培训项目	班长	内操	外操	备注
2	岗位操作技能				
2.1	工艺正常操作				
2.1.1	控制阀改副线的操作	班组长或工艺员	班组长或工艺员	班组长或工艺员	
…	减压炉工艺联锁系统操作	班组长或工艺员	班组长或工艺员	班组长或工艺员	
…	……	……	……	……	
3	生产受控管理				
3.1	工艺记录填写规范	班组长或工艺员	班组长或工艺员	班组长或工艺员	
3.2	日常巡检规范	班组长或工艺员	班组长或工艺员	班组长或工艺员	
…	……	……	……	……	
4	HSE 理念、方法与工具				
4.1	属地管理	班组长或安全员	班组长或安全员	班组长或安全员	
4.2	安全观察与沟通	班组长或安全员	班组长或安全员	班组长或安全员	
…	……	……	……	……	

三、注意事项

不同岗位培训要求设定不尽相同，应根据培训内容难易程度、风险大小、管理现状、能力期望以及其他情况综合分析，合理确定，不能一概而论。同时，也要在实际培训过程中根据实际情况予以调整。

第八节　矩阵形成与发布

常减压装置 HSE 培训矩阵应根据确定的培训项目和要求编制形成，经过审批并发布、备案。

一、培训矩阵形成

（1）建立岗位培训矩阵框架。

通过开展划分管理单元，梳理操作项目，开展危害分析，明确岗位需求，确定培训内容，设定培训要求，满足编制基层岗位 HSE 培训矩阵所需条件。

纵向上为培训内容，横向上为培训要求，建立基层岗位 HSE 培训矩阵框架，见表 2 – 16。

表 2 – 16　基层岗位 HSE 培训矩阵框架

编号	培训内容	培训课时	培训周期	培训方式	考核方式	培训效果	培训师资	备注

（2）依次填写“培训项目”和“培训要求”信息。

（3）逐项核对培训矩阵和培训项目、培训要求，确认与基层 HSE 培训基本需求调查分析相吻合，形成单个岗位 HSE 培训矩阵，见表 2 – 17。

表 2-17 常减压装置班长岗位 HSE 培训矩阵示例

编号	培训内容	培训课时	培训周期	培训方式	考核方式	培训效果	培训师资	备注
1	通用安全知识							
1.1	HSE 规章制度							
1.1.1	入厂安全须知	0.5	1 年	授课	笔试	指导	班组长或安全员	
1.1.2	人身安全十大禁令	0.5	1 年	授课	笔试	指导	班组长或安全员	
1.1.3	防火防爆十大禁令	0.5	1 年	授课	笔试	指导	班组长或安全员	
1.1.4	车辆安全十大禁令	0.5	1 年	授课	笔试	指导	班组长或安全员	
1.1.5	防止中毒窒息十条规定	0.5	1 年	授课	笔试	指导	班组长或安全员	
1.1.6	防止静电危害十条规定	0.5	1 年	授课	笔试	指导	班组长或安全员	
1.1.7	防止硫化氢中毒十条规定	0.5	1 年	授课	笔试	指导	班组长或安全员	
1.1.8	中国石油反违章六条禁令	0.5	1 年	授课	笔试	指导	班组长或安全员	
1.1.9	中国石油 HSE 管理九项原则	0.5	1 年	授课	笔试	指导	班组长或安全员	
1.2	安技装备使用							
1.2.1	正压式空气呼吸器的使用	0.5	2 年	授课+现场	实操	指导	班组长或安全员	
1.2.2	便携式气体检测仪的使用	0.5	2 年	授课+现场	实操	指导	班组长或安全员	
1.2.3	消防器材使用	0.5	2 年	授课+现场	实操	指导	班组长或安全员	
1.2.4	防毒面具的使用	0.5	2 年	授课+现场	实操	指导	班组长或安全员	
1.2.5	洗眼器使用	0.5	2 年	授课+现场	实操	指导	班组长或安全员	
1.3	劳动防护用品使用							
1.3.1	安全帽、护目镜、面罩使用	0.5	3 年	授课+现场	实操	指导	班组长或安全员	
1.3.2	防护手套、服装、鞋的使用	0.5	3 年	授课+现场	实操	指导	班组长或安全员	
1.4	应急救护							
1.4.1	心肺复苏技能	0.5	2 年	授课+现场	实操	指导	班组长或安全员	
1.4.2	硫化氢中毒的救护	0.5	2 年	授课+现场	实操	指导	班组长或安全员	
1.4.3	火灾报警演示	0.5	2 年	授课+现场	实操	指导	班组长或安全员	
1.5	典型事故案例							
1.5.1	火灾爆炸	1	2 年	授课	笔试	指导	班组长或安全员	
1.5.2	中毒窒息	1	2 年	授课	笔试	指导	班组长或安全员	
1.5.3	机械伤害	1	2 年	授课	笔试	指导	班组长或安全员	

续表

编号	培训内容	培训课时	培训周期	培训方式	考核方式	培训效果	培训师资	备注
1.5.4	物体打击	1	2年	授课	笔试	指导	班组长或安全员	
1.5.5	高处坠落	1	2年	授课	笔试	指导	班组长或安全员	
1.5.6	触电	1	2年	授课	笔试	指导	班组长或安全员	
1.5.7	其他	1	2年	授课	笔试	指导	班组长或安全员	
1.6	常用危化品知识							
1.6.1	硫化氢	0.5	2年	授课	笔试	指导	班组长或安全员	
1.6.2	液化石油气	0.5	2年	授课	笔试	指导	班组长或安全员	
1.6.3	原油	0.5	2年	授课	笔试	指导	班组长或安全员	
1.6.4	汽油	0.5	2年	授课	笔试	指导	班组长或安全员	
1.6.5	干气	0.5	2年	授课	笔试	指导	班组长或安全员	
1.6.6	氨	0.5	2年	授课	笔试	指导	班组长或安全员	
1.6.7	氮气	0.5	2年	授课	笔试	指导	班组长或安全员	
1.6.8	二氧化硫	0.5	2年	授课	笔试	指导	班组长或安全员	
1.6.9	硫化亚铁	0.5	2年	授课	笔试	指导	班组长或安全员	
2	岗位操作技能							
2.1	工艺正常操作							
2.1.1	控制阀改副线的操作	1	1年	课堂+现场	笔试	指导	班组长或工艺员	
2.1.2	加剂的操作	1	1年	课堂+现场	笔试	指导	班组长或工艺员	
2.1.3	采样的操作	1	1年	课堂+现场	笔试	指导	班组长或工艺员	
2.1.4	电脱盐操作温度的控制和调节	1	1年	课堂+现场	笔试	指导	班组长或工艺员	
2.1.5	常压炉出口温度的控制和调节	1	1年	课堂+现场	笔试	指导	班组长或工艺员	
2.1.6	柴油FP、SP、95%点馏出温度的控制和调节	1	1年	课堂+现场	笔试	指导	班组长或工艺员	
2.1.7	常渣350℃馏出的控制和调节	1	1年	课堂+现场	笔试	指导	班组长或工艺员	
2.1.8	减二线95%点和比色的控制和调节	1	1年	课堂+现场	笔试	指导	班组长或工艺员	
2.1.9	常压塔顶压力的控制和调节	1	1年	课堂+现场	笔试	指导	班组长或工艺员	
2.1.10	常压塔底汽提吹汽量的控制和调节	1	1年	课堂+现场	笔试	指导	班组长或工艺员	
2.1.11	常底液面的控制和调节	1	1年	课堂+现场	笔试	指导	班组长或工艺员	

续表

编号	培训内容	培训课时	培训周期	培训方式	考核方式	培训效果	培训师资	备注
2.1.12	减压塔真空度的控制和调节	1	1年	课堂+现场	笔试	指导	班组长或工艺员	
2.2	开工操作							
2.2.1	引蒸汽操作	1	2年	课堂+现场	评价	指导	班组长或工艺员	
2.2.2	引氮气操作	1	2年	课堂+现场	评价	指导	班组长或工艺员	
2.2.3	系统吹扫、试压注意事项	1	2年	课堂+现场	评价	指导	班组长或工艺员	
2.2.4	装置进油开路循环操作	1	2年	课堂+现场	评价	指导	班组长或工艺员	
2.2.5	装置进油闭路循环操作	1	2年	课堂+现场	评价	指导	班组长或工艺员	
2.2.6	加热炉点火的操作	2	2年	课堂+现场	评价	指导	班组长或工艺员	
2.2.7	减压抽真空的操作	2	2年	课堂+现场	评价	指导	班组长或工艺员	
2.2.8	开工收封油的操作	1	2年	课堂+现场	评价	指导	班组长或工艺员	
2.2.9	开工收汽油、柴油	1	2年	课堂+现场	评价	指导	班组长或工艺员	
2.2.10	开工收蜡油操作	1	2年	课堂+现场	评价	指导	班组长或工艺员	
2.2.11	燃料油系统投用循环的操作	1	2年	课堂+现场	评价	指导	班组长或工艺员	
2.3	停工操作							
2.3.1	塔类设备的蒸汽置换操作	1	2年	课堂+现场	现场	指导	班组长或工艺员	
2.3.2	加热炉停炉的操作	1	2年	课堂+现场	现场	指导	班组长或工艺员	
2.3.3	减压消真空的操作	1	2年	课堂+现场	现场	指导	班组长或工艺员	
2.3.4	电脱盐罐退油的操作	1	2年	课堂+现场	现场	指导	班组长或工艺员	
2.3.5	常压系统退油的操作	1	2年	课堂+现场	现场	指导	班组长或工艺员	
2.3.6	减压系统退油的操作	1	2年	课堂+现场	现场	指导	班组长或工艺员	
2.4	DCS仿真操作							
2.4.1	装置开工模拟操作	4	2年	仿真	仿真	指导	班组长或工艺员	
2.4.2	装置停工模拟操作	4	2年	仿真	仿真	指导	班组长或工艺员	
2.4.3	装置事故处理模拟操作	4	2年	仿真	仿真	指导	班组长或工艺员	
2.5	通用设备操作							
2.5.1	离心泵启、停、切换操作	1	2年	课堂+现场	评价	指导	班组长或设备员	
2.5.2	风机的启、停运操作	1	2年	课堂+现场	评价	指导	班组长或设备员	

续表

编号	培训内容	培训课时	培训周期	培训方式	考核方式	培训效果	培训师资	备注
2.5.3	换热器投用、停用操作	1	2年	课堂+现场	评价	指导	班组长或设备员	
2.5.4	风动隔膜泵的启、停操作	1	2年	课堂+现场	评价	指导	班组长或设备员	
2.5.5	螺杆泵启、停、切换操作	1	2年	课堂+现场	评价	指导	班组长或设备员	
2.5.6	干式/喷淋蒸发式、板式空冷器启、停运操作	2	2年	课堂+现场	评价	指导	班组长或设备员	
2.5.7	高危介质泵机封辅助系统操作(投用、停用)	2	2年	课堂+现场	评价	指导	班组长或设备员	
2.5.8	鼓风机、引风机的启停操作	2	2年	课堂+现场	评价	指导	班组长或工艺员	
2.5.9	机泵润滑油加油、换油操作	2	2年	课堂+现场	评价	指导	班组长或工艺员	
2.5.10	机泵盘车操作	2	2年	课堂+现场	评价	指导	班组长或工艺员	
2.6	专用设备操作							
2.6.1	常顶气压缩机操作(启、停)	2	2年	课堂+现场	现场	指导	班组长或设备员	
2.6.2	水环真空泵操作(启、停)	3	3年	课堂+现场	现场	指导	班组长或设备员	
2.7	事故判断与处理							
2.7.1	紧急停工方案	1	1年	课堂+现场	演练	指导	班组长或工艺员	
2.7.2	换热器泄漏的应急处理	1	1年	课堂+现场	演练	指导	班组长或设备员	
2.7.3	装置停电、晃电的应急处理	1	1年	课堂+现场	演练	指导	班组长或工艺员	
2.7.4	原油带水的应急处理	1	1年	课堂+现场	演练	指导	班组长或工艺员	
2.7.5	闪底泵抽空的应急处理	1	1年	课堂+现场	演练	指导	班组长或工艺员	
2.7.6	常底泵抽空的应急处理	1	1年	课堂+现场	演练	指导	班组长或工艺员	
2.7.7	减底泵抽空的应急处理	1	1年	课堂+现场	演练	指导	班组长或工艺员	
2.7.8	减压真空度波动的应急处理	1	1年	课堂+现场	演练	指导	班组长或工艺员	
2.7.9	电脱盐混合压差阀卡的应急处理	1	1年	课堂+现场	演练	指导	班组长或工艺员	
2.7.10	常压塔冲塔的应急处理	1	1年	课堂+现场	演练	指导	班组长或工艺员	
2.7.11	瓦斯压力下降或中断的应急处理	1	1年	课堂+现场	演练	指导	班组长或工艺员	
2.7.12	低压蒸汽压力大幅度下降或中断的应急处理	1	1年	课堂+现场	演练	指导	班组长或工艺员	

续表

编号	培训内容	培训课时	培训周期	培训方式	考核方式	培训效果	培训师资	备注
2.8	DCS 系统操作							
2.8.1	DCS 系统常规操作:历史数据查询、过程报警处理、设定值修改、调节阀手自动切换等	2	2 年	课堂 + 现场	评价	指导	班组长或工艺员	
2.8.2	装置主要控制回路操作	2	2 年	课堂 + 现场	评价	指导	班组长或工艺员	
2.8.3	常压炉工艺联锁系统操作	2	2 年	课堂 + 现场	评价	指导	班组长或工艺员	
2.8.4	减压炉工艺联锁系统操作	2	2 年	课堂 + 现场	评价	指导	班组长或工艺员	
2.8.5	常减压设备联锁系统操作	2	2 年	课堂 + 现场	评价	指导	班组长或工艺员	
3	生产受控管理							
3.1	工艺记录填写规范	1	2 年	课堂	评价	指导	班组长或工艺员	
3.2	日常巡检规范	1	2 年	课堂	评价	指导	班组长或工艺员	
3.3	工艺纪律检查内容	1	2 年	课堂	评价	指导	班组长或工艺员	
3.4	操作卡填写及操作确认	1	2 年	课堂	评价	指导	班组长或工艺员	
3.5	变更管理	1	2 年	课堂	评价	指导	班组长或工艺员	
3.6	工作循环分析	1	2 年	课堂	评价	指导	班组长或工艺员	
3.7	作业许可	1	2 年	课堂	评价	指导	班组长或工艺员	
4	HSE 理念、方法与工具							
4.1	属地管理	1	2 年	课堂	评价	指导	班组长或安全员	
4.2	安全观察与沟通	1	2 年	课堂 + 现场	评价	指导	班组长或安全员	
4.3	目视化管理	2	2 年	课堂 + 现场	评价	指导	班组长或安全员	
4.4	工作安全分析	2	2 年	课堂 + 现场	评价	指导	班组长或安全员	
4.5	事件分析	2	2 年	课堂	评价	指导	班组长或安全员	
4.6	6S 管理	2	2 年	课堂 + 现场	评价	指导	班组长或安全员	

注:培训课时单位为小时(h)。

(4)汇总形成常减压装置岗位 HSE 培训矩阵总表,见附录 1。

二、培训矩阵评审、发布与备案

1. 培训矩阵评审

由于常减压装置岗位 HSE 培训矩阵直接关系到岗位员工能力需要、培训项目和培训要求,具有重要的权威性、指导性,已编制完成的 HSE 培训矩阵应当经过相应的评审和审批。HSE 培训矩阵审批应当坚持“谁应用谁评审、谁主管谁审批”原则。HSE 培训矩阵编制完成后,应当由编制组组织常减压装置管理技术人员、涉及的岗位员工进行评审,征求意见和建议,通过评审后报有关专业部门审查确认，报主管培训部门批准。负责审查、批准的部门应当认真审批，对 HSE 培训矩阵审批负责。

2. 培训矩阵发布

作为常减压装置岗位 HSE 培训的重要规范，经过批准的 HSE 培训矩阵应当在本单位范围内发布，下发到培训班组，按岗位分发到涉及的员工，或者应用网络传递等方式告知。常减压装置培训干事应当对岗位员工了解掌握本岗位 HSE 培训矩阵情况进行验证，确保岗位员工人人掌握本岗位的 HSE 培训矩阵。

3. 培训矩阵备案

常减压装置岗位 HSE 培训矩阵与其他文件一样需要查阅、追踪，做好 HSE 培训矩阵备案工作，有助于 HSE 培训矩阵的管理应用。已发布的 HSE 培训矩阵，应当报培训主管部门和安全管理部门备案，按照受控文件进行登记、存档。

三、培训矩阵维护

随着工艺技术的不断进步，设备设施的不断更新，以及员工构成、素质的不断变化，有关法律法规、标准规范等要求不断提高，需要控制的风险也在不断变化，HSE 培训需求同样在发生变化，因此应当根据这些变化及时调整 HSE 培训矩阵，使其始终能够满足风险控制的需要，保持 HSE 培训矩阵的适用性、有效性。

HSE 培训矩阵原则上一般 3 年维护优化一次，出现以下情况应及时进行更新：

（1）组织机构和岗位职责变更。

（2）法律法规、标准规范变更。

（3）设备设施发生变更。

（4）新技术、新工艺、新材料、新设备应用之前。

（5）发生事故事件后，对矩阵项目的合理性、完整性进行评价。

（6）其他情况需要更新的。

第三章　培训课件编制

HSE培训课件是常减压装置HSE培训工作实施的重要载体，是HSE培训矩阵要求的培训项目和内容的具体展现。针对常减压装置的操作项目存在高温高压、易燃易爆、有毒有害等行业风险的特点，将常减压装置操作员工生产区域、生活区域涉及的安全环保知识、存在的风险及技术要求等，以直观、形象、具体的课件表现形式呈现出来，更加有利于操作员工了解HSE理念知识，明晰操作风险，掌握岗位必备的安全操作技能和应急处置措施，帮助基层操作员工持续提升HSE风险识别和操作控制能力。

第一节　编制基本要求

一、培训课件编制原则

（1）有据可依，突出风险。培训课件作为培训矩阵编制与应用的重要组成部分，是员工理解HSE培训矩阵和操作规程的重要理论支撑。培训课件内容的选取应符合基层员工操作实际，围绕岗位管控要求，以规章制度、操作规程等为依据，按管理流程、操作步骤分析危害与风险，评估危害后果，明确防控措施和应急处置要求，让员工懂得如何识别风险、评估风险、控制风险，实现安全操作。

（2）文字简明，直观生动。HSE培训课件的使用对象是常减压装置的操作工，课件内容的表现方式应避免大量文字堆砌，宜用简洁易懂的文字、形象直观的图片或视频、发人深省的典型案例展现管理要求、操作规范及相应风险，切忌简单复制法律法规、制度标准条文的编制方式。文字描述避免生僻晦涩的技术标准用语、名词术语或英文缩写，应尽可能符合员工生产作业活动中常用的语言习惯，文字表达简明通俗，风险提示和应急处置要求突出醒目，确保课件的直观性。

（3）编审结合，实用有效。作为基层岗位HSE培训矩阵的实施载体，HSE培训课件在编制过程中要本着“接地气”的原则，吸纳装置员工、操作骨干参与，通过集合多方面的编制意见，形成课件初稿。并由对口的职能部门进行评审，根据反馈意见再次进行编制，最终形成课件定稿，实现编制与评审同步进行，保证课件编制质量。课件编制应针对培训对象梳理岗位涉及的HSE规范、操作技能、管控流程和理念知识，体现岗位活动的特点，符合岗位操作实际，充分结合案例分享和典型示范，用员工的话、员工的事培训员工，确保课件的实用性。

二、培训课件编制流程

课件编制主要包括课件设计、课件素材准备、课件制作、课件评审和课件发布五个环节。

1. 课件设计

课件编制人根据基层常减压装置岗位HSE培训矩阵中的培训项目，分析该岗位的属地管理职责，梳理岗位操作使用的操作规程、应急处置卡等作业文件，明确正确履责所需的安全环保知识与操作技能要求，设定该培训项目的培训目标，理清培训思路，依据培训对象有针对性地确定培训内容和培训重点，建立该课件的培训大纲。示例见表3－1。

表3－1　课件编制大纲

“装置停电、晃电应急处理”课件编制大纲	
培训目的	(1)掌握相关知识； (2)熟练应用； (3)了解操作风险控制
培训内容	(1)岗位学习要求； (2)现象、危害及原因； (3)报警响应程序； (4)应急处理
编制人	陶××
参考资料	(1)常减压装置应急处理操作规程； (2)常减压装置 HAZOP 分析

2. 课件素材准备

课件编制人依据课件编制大纲的培训要点，收集、制作课件内容编制的基本素材。法规和标准、知识类书籍、规章制度和典型案例是制作通用安全知识类、生产受控流程管理类和 HSE 管理方法类课件的素材支撑；操作规程、操作卡、应急处置卡、审核检查发现问题通报和事故事件案例是制作岗位操作技能类培训课件的主要素材。针对生产一线操作员工对培训信息的感知特点，力求 HSE 培训课件的表现形式直观、形象、具体，需要课件编制人在准备阶段，制作相当数量的生产现场和操作示范的图片、动画或视频，课件内容化繁为简，将关键理念、操作技巧、HSE 风险和工作实践用通俗易懂的文字、形象直观的图表呈现，提升培训信息传递的冲击力。素材准备应紧密围绕培训对象岗位风险防控的知识与技能要求，不应随意扩展培训内容或提升培训深度，特别注意避免将机关管理人员和专业技术人员的培训内容延伸到操作员工的培训课件中，以确保培训内容的针对性和指导性。

3. 课件制作

1)课件总体框架

HSE 培训课件基本由五个部分组成，分别是课件封面、提纲、风险提示及纠正预防措施、岗位学习要求、主体内容。课件总体框架及各部分主要作用，如图3－1所示。

2)课件版式要求

常减压装置 HSE 培训课件以 PowerPoint 制作的多媒体课件为主，不限于视频课件、仿真装置操作手册等形式。本书主要对多媒体课件的版式作总体要求。

企业应结合本企业安全建设中视觉形象设计的总体要求，尽可能使用统一的课件多媒体模板。课件背景使用白色版面，字体颜色以黑色为主，重点内容可使用红色、艳蓝色或粗体、斜体的方式强调。

课件内容包括课件封面、课件正文。题目描述通常使用“×××操作”“×××应急处理”等，字体格式黑体加粗，字号视字数多少选择26～42号字，字体颜色为黑色。题目下方标示编

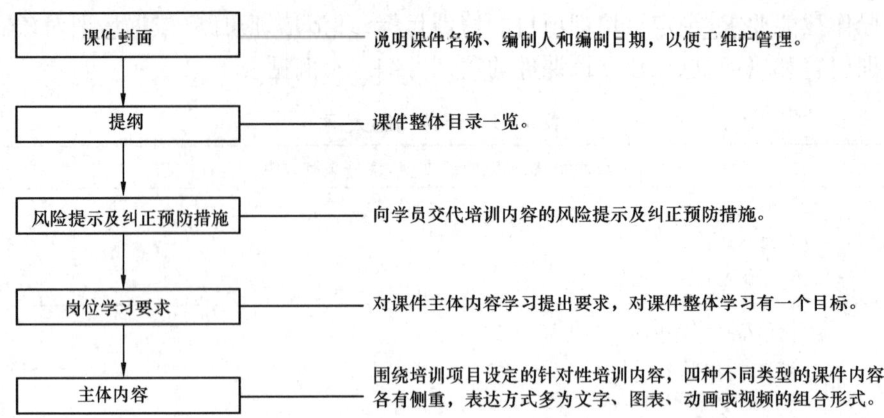

图 3－1　课件总体框架图

制日期，字体格式黑体，字体颜色黑色，24 号字。封面正上标志宝石花标识、编制单位，字体格式宋体，字号 26 号字，字体颜色白色。课件封面及课件正文板式具体要求如图 3－2 和图3－3 所示。

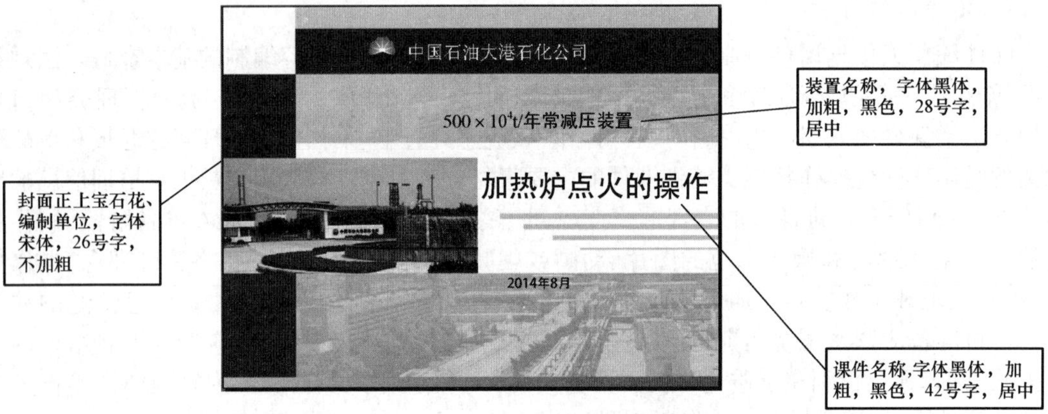

图 3－2　课件封面模板

图 3－3　课件正文模板

4. 课件评审

课件编制人完成培训课件制作后，为确保课件制作质量，由培训负责人组织课件试用评审。经过专业初步审查后，将课件分发到培训班组进行试讲。试用评审的重点要关注课件内容的准确性、培训对象的适用性、课件表现形式的可感知性。课件编制人根据 HSE 培训师反馈的意见修订完善后，提交对口专业部门做最后审查。课件评审标准见表 3－2。

表 3－2　常减压装置 HSE 培训课件评审标准

内容		制作标准	权重
课件内容	课件选材	培训目标与培训对象明确，符合培训计划项目，紧扣生产实际中的重点和难点，突出实践性培训环节，合理呈现操作步骤、方法和技术要点	35
	内容编排	理论与实际相结合，启发引导性强，内容严谨，表述准确，符合石化行业标准，无科学性错误，语言、文字和符号规范。风险分析准确	15
培训设计	结构设计	布局合理，结构清晰，有明确的学习目标和培训要求，每个课件不少于 1 课时(45min)	5
	培训策略	培训方法恰当，能调动员工的积极性，形象直观，针对性强	8
	信息呈现	制作工具、选择资源恰当，较好的采用多媒体技术文字、图片、音、视频、动画切合培训主题	12
	效果评估	分层次开展培训，对不同层次的员工，能提供不同水平的练习	3
制作技术	整体质量	图片、视频清晰，音效质量高，动画准确生动，界面简洁美观	5
	操作技术	课件正常、可靠运行，可控性、交互性强，响应及时有效，没有错误链接或空链接	8
操作应用	实际使用	操作方便，使用简单	6
	帮助说明	有清晰、扼要的指导说明	3
合计			100

注：评分低于 80 分则表示课件未能达到要求，不予通过。

5. 正式发布

采油单位培训管理部门应负责 HSE 培训课件的统一发布，发布途径可通过印发教材、单行手册或网络培训信息系统等方式。培训管理部门应根据采油操作岗位 HSE 培训矩阵设计的课程目录，建立培训课件库，对课件建立目录、进行编号，便于检索和受控管理，确保使用者获取的培训课件均为有效版本。

三、培训课件组织保障

1. 明确编写责任

明确课件编写职责是落实 HSE 培训课件制作工作的基础，要保证培训课件与基层岗位的 HSE 培训矩阵能够配套实施。编写过程中，推行编写责任落实，通过分工负责的原则，形成具体工作具体抓，专项工作有人管的工作格局，为 HSE 培训课件的制作提供强有力的制度保障。

2. 制订编写方案

课件开发人员应对各基层单位的常减压装置操作岗位 HSE 培训矩阵进行整体分析，按岗位、设备和装置单元对培训项目进行系统梳理，分别整理出共性和个性化培训项目，进行课程设计，建立 HSE 培训课件库目录，明确课件开发任务，分解落实编写人员，设定课件编制、评审和验收的时间节点，形成课件开发的工作方案并督导执行，见表 3－3。

表3-3　常减压装置HSE培训课件开发工作任务表

编号	课件名称	编制负责人	培训课时	完成时间	审核时间	评审部门	备注
1	人身安全十大禁令	王××	0.5	××年××月	××年××月	安全环保处	
2	防止中毒窒息十条禁令	张××	0.5	××年××月	××年××月	安全环保处	
3	硫化氢中毒的救护	王××	0.5	××年××月	××年××月	安全环保处	
……							
29	引蒸汽的操作	陈××	1	××年××月	××年××月	技术处	
30	减压抽真空的操作	陶××	1	××年××月	××年××月	技术处	
31	离心泵启、停、切换操作	孙××	1	××年××月	××年××月	机动设备处	
……							
45	作业许可	王××	1	××年××月	××年××月	技术处	
46	属地管理	何××	1	××年××月	××年××月	企管法规处	

注：培训课时单位为小时(h)。

3. 提供资源保障

主要包括人力资源、技术资源、硬件资源和时间保障等。

(1)人力资源：由石化单位分管培训或HSE管理的领导牵头负责，技术、机动、人事、安全、HSE管理等部门人员，与基层单位的技术人员、技能专家、高级技师、技师、班组长、有现场丰富经验的操作员工共同参与课件开发工作。

(2)技术资源：车间的工艺和设备技术既有共性又有个性，培训管理部门应做好统筹协调，对共性项目做好技术共享，对个性项目落实到对口的基层单位提供技术资源支持。

(3)硬件资源：编制课件需要保证电脑、照相机、摄像机等硬件资源，图片和视频制作需要培训机构和基层单位积极配合，提供实训装置或生产现场，以便模拟或实操取证。

(4)时间保障：课件开发需要编制人员投入相当的时间和精力编写，编制人所在单位应做好生产组织和工作协调，合理分配、调整日常工作任务，确保编制人员有足够的时间专注于课件编制。

第二节　通用安全知识课件编制

通用安全知识培训是公司HSE管理工作的重要组成部分，针对操作工岗位HSE培训矩阵相关内容，开发配套的通用安全知识类培训课件，能够有效宣贯HSE理念、日常行为安全、反违章禁令等安全环保基础知识和要求，让员工了解并掌握安技装备使用、劳动防护用品使用等与安全环保生产密切相关的技能要求，进一步转变员工安全态度，提高安全意识，养成良好的安全行为习惯。

一、课件编制依据

通用安全知识课件编制的主要依据包括但不限于：

(1)国家法律法规。

(2)国家及行业标准。

(3)公司基础管理体系文件等相关要求。

根据课件的培训主题,对与通用安全知识相关的法律法规、标准、公司基础管理体系文件及相关要求等进行筛选、梳理,确定培训素材。

以"正压式空气呼吸器的使用"课件编制为例,举例说明通用安全知识类课件的编制依据梳理过程,见表3-4。

表3-4 通用安全知识类课件编制依据清单(示例)

序号	课件名称	法律法规	标准	规章制度
1	正压式空气呼吸器的使用	安监总局《用人单位劳动防护用品管理规范》	《正压式消防空气呼吸器标准》	大港石化公司《气防管理办法》 大港石化公司《员工劳动防护用品管理规定》

二、课件主体内容结构

通用安全知识类课件的编制应符合总体框架要求,其中主体内容包括但不限于:

(1)培训内容涉及的基本概念、常识。

(2)岗位日常生产操作涉及的与培训内容相关的应知应会知识。

(3)与生产岗位相关的管理要求等。

三、课件主体内容编制

为使课件编制人更好地理解、把握编写架构和内容,掌握编写方式和技巧,保证通用安全知识培训课件编制的规范性、系统性和通用性,现以"正压式空气呼吸器的使用"课件为例,对通用安全知识类课件主体内容的编制要求作示范说明。

通用安全知识类课件应侧重理论知识与实际岗位的结合,下面以"正压式空气呼吸器的使用"课件为例进行说明,如图3-4所示。

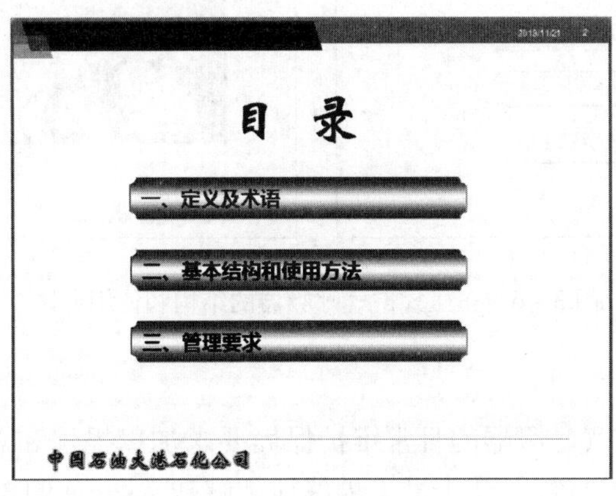

图3-4 主要内容示例

1. 定义及术语

围绕培训主题,采用文字、图片等方式阐明正压式空气呼吸器涉及的基本概念、常识,便于员工在培训之初对相关概念有初步了解,更好地在后续培训中对课件内容进行理解和掌握,如图 3 – 5 所示。

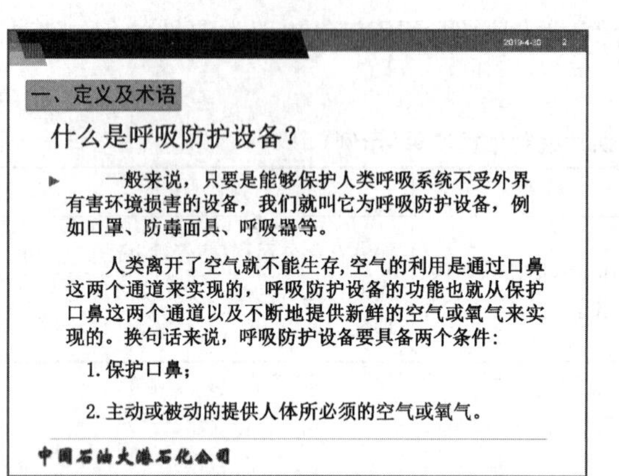

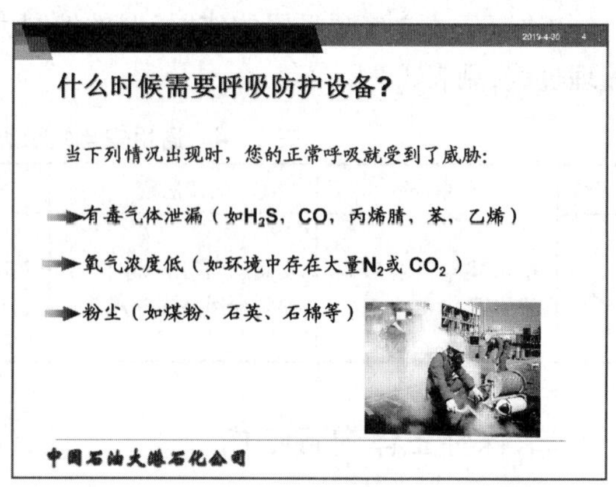

图 3 – 5　呼吸防护设备的定义及应用

2. 正压式空气呼吸器的基本结构和使用方法

通过图片和文字相结合的方式,对正压式空气呼吸器的基本结构、使用方法进行说明,使员工掌握空气呼吸器的操作步骤及注意事项,如图 3 – 6 所示。

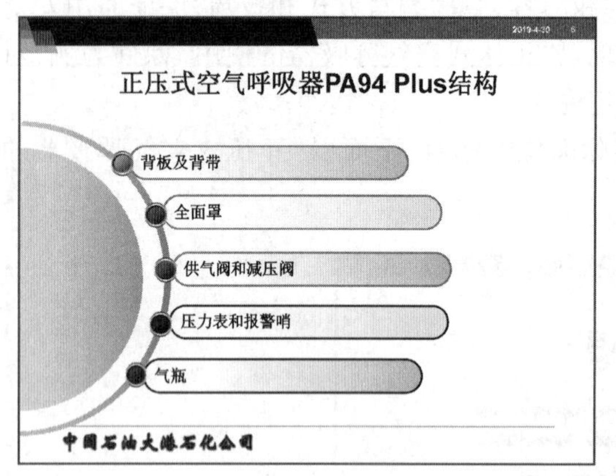

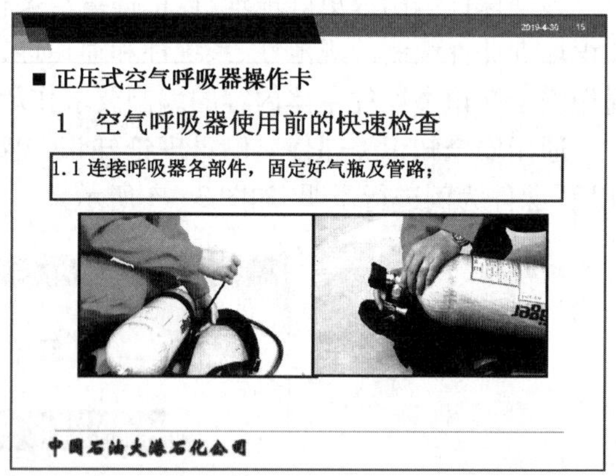

图 3 – 6　正压式空气呼吸器的结构和使用方法

3. 管理要求

示例课件将正压式空气呼吸器的日常维护保养要求加以提炼和总结,并在后续课件中通过实例照片对相关内容加以说明,便于员工更好地理解和掌握,如图 3 – 7 所示。

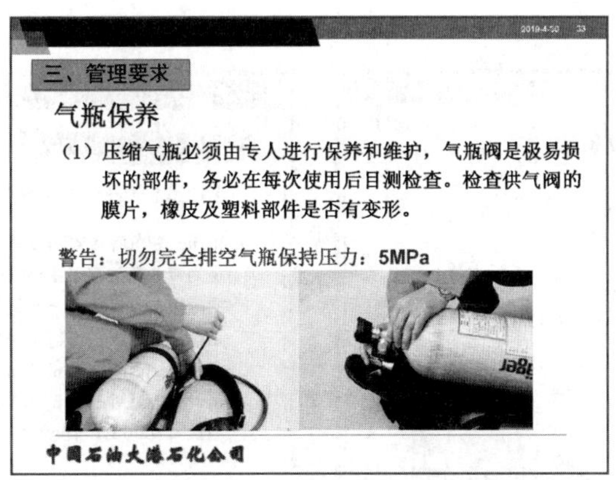

图 3－7　正压式空气呼吸器的管理要求

四、课件编制实例

下面以“正压式空气呼吸器的使用”为例，展示课件的编制内容。

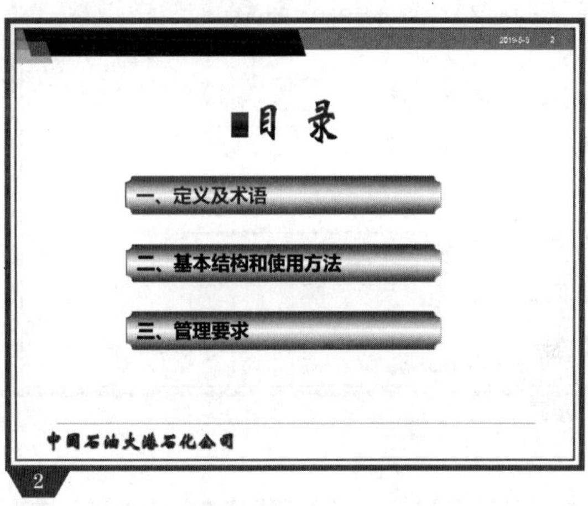

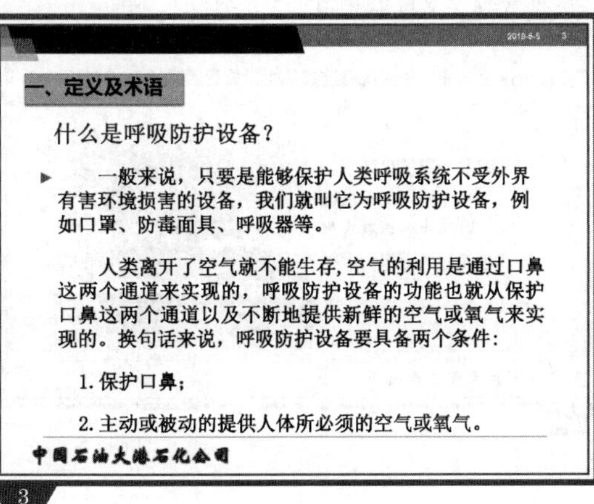

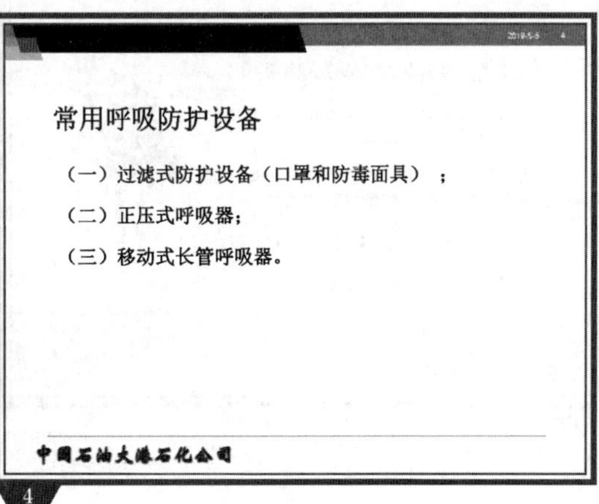

什么时候需要呼吸防护设备?

当下列情况出现时，您的正常呼吸就受到了威胁：

- 有毒气体泄漏（如H_2S，CO，丙烯腈，苯，乙烯）
- 氧气浓度低（如环境中存在大量N_2或CO_2）
- 粉尘（如煤粉、石英、石棉等）

中国石油大港石化公司

5

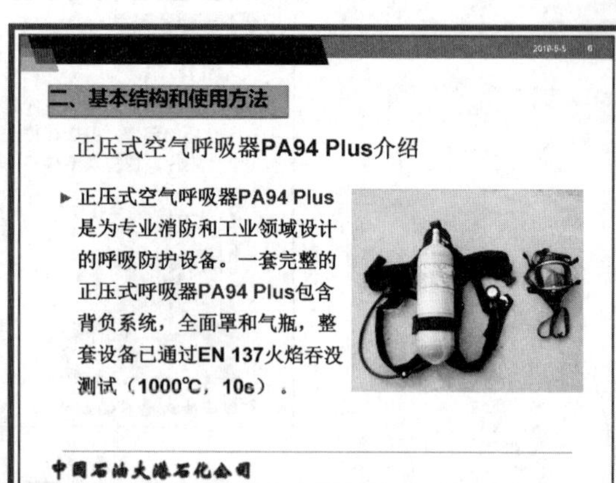

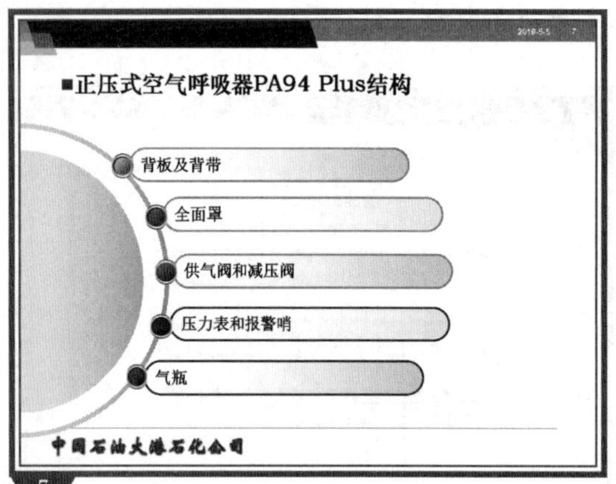

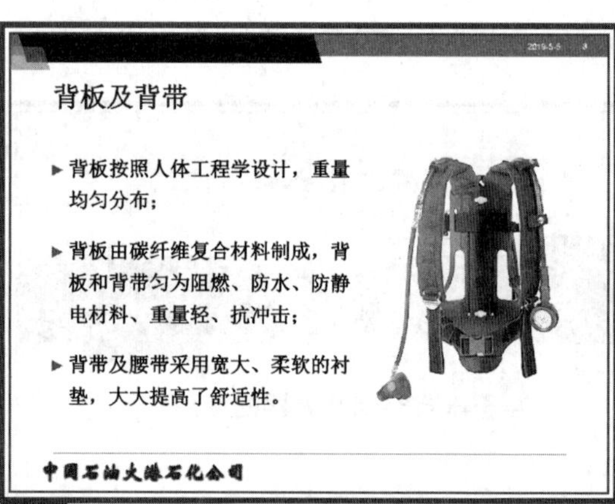

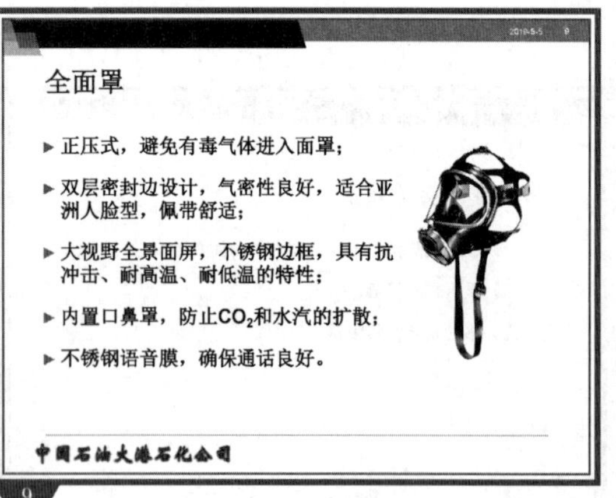

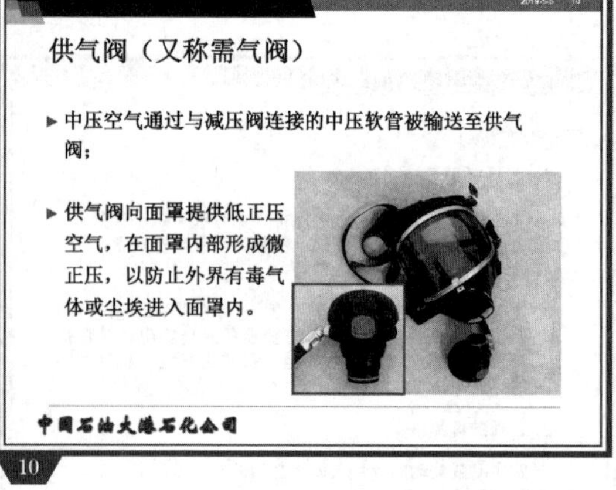

减压阀

- 无论气瓶内空气压力及使用者呼吸频率如何变化，减压器都保证提供一个稳定的中压；
- 高性能，供气量最高可达1000L/min，在20MPa时也可达到500L/min；
- 与背带半固定连接，以免上下转动，易于拆装气瓶；
- 有泄压保护装置，确保减压阀失灵后起到保护作用。

中国石油大港石化公司

11

压力表及报警哨

- 压力表盘荧光显示，便于在黑暗中读取数据；
- 报警哨位置设计在肩部，离耳朵近，报警强度大于90dB；
- 报警哨可告诉使用者开始使用他的储备空气；
- 装置报警压力：(5.5±0.5)MPa；
- 出于安全原因，报警时鸣响无法被切断，此时使用者应立即撤出工作现场。

中国石油大港石化公司

12

气瓶

- 材料为全缠绕式碳纤维复合材料，内胆采用高强度、耐腐蚀、重量轻的铝合金材料；
- 比钢制气瓶更加安全可靠（不会爆炸）。

中国石油大港石化公司

13

气瓶使用时间及影响因素

- 使用时间：
  1. 使用时间约50min；
  2. 报警后使用时间5~8min。
- 影响因素：
  1. 工作性质（负重、爬高等）；
  2. 工作环境（高温、高湿等）；
  3. 使用者的体重、肺活量；
  4. 使用者的情绪、精神状态等不安定因素……

中国石油大港石化公司

14

■正压式空气呼吸器操作卡

1　空气呼吸器使用前的快速检查

1.1 连接呼吸器各部件，固定好气瓶及管路；

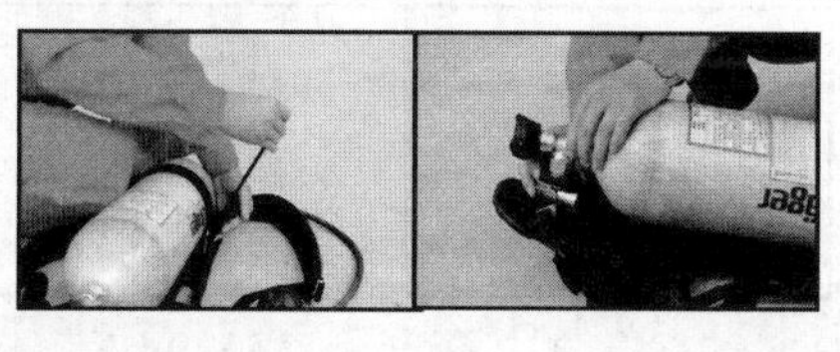

中国石油大港石化公司

15

■正压式空气呼吸器操作卡

1.2 气瓶压力：按压需气阀顶部的红色按钮，打开气瓶阀。压力表示24~30MPa为正常压力范围，低于10 MPa时不得使用；

1.3 管路系统气密性：关闭气瓶阀，观察压力表，压力下降不得大于2MPa/min；

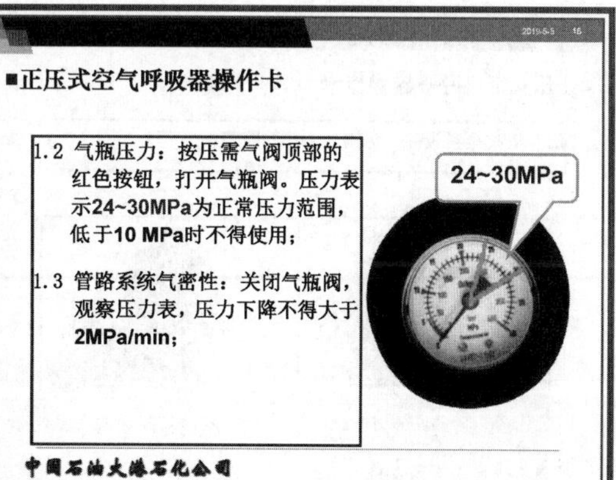

中国石油大港石化公司

16

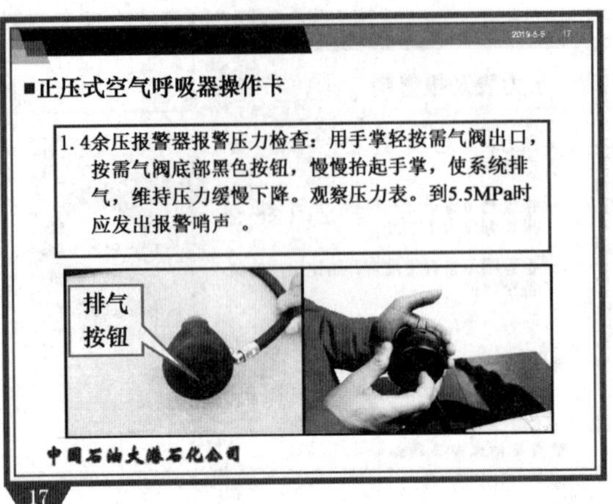
2019-5-5 17
■正压式空气呼吸器操作卡
1.4余压报警器报警压力检查：用手掌轻按需气阀出口，按需气阀底部黑色按钮，慢慢抬起手掌，使系统排气，维持压力缓慢下降。观察压力表。到5.5MPa时应发出报警哨声 。
排气
按钮
中国石油大港石化公司
17

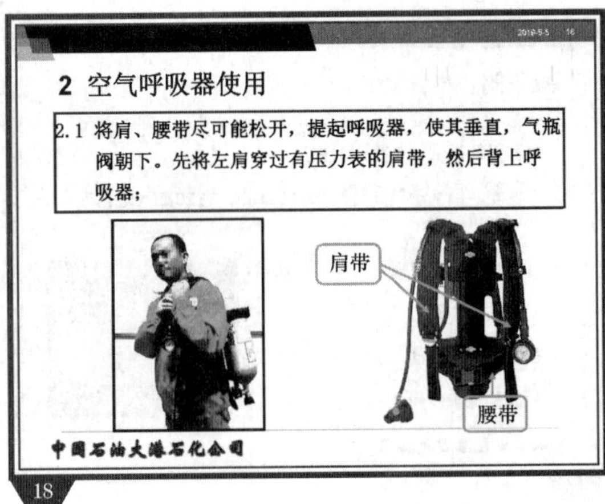
2019-5-5 18
2 空气呼吸器使用
2.1 将肩、腰带尽可能松开，提起呼吸器，使其垂直，气瓶阀朝下。先将左肩穿过有压力表的肩带，然后背上呼吸器；
肩带
腰带
中国石油大港石化公司
18

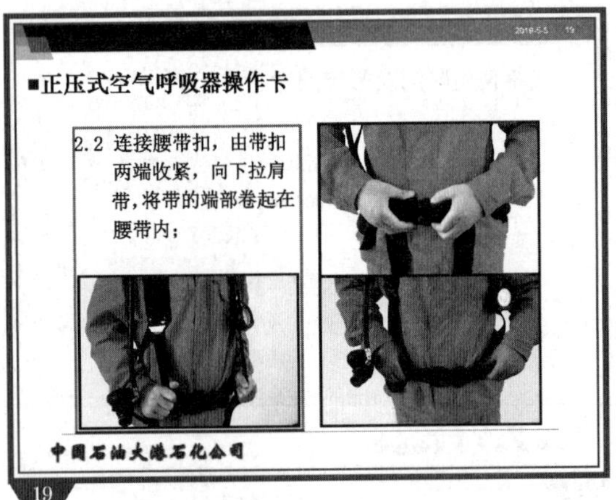
2019-5-5 19
■正压式空气呼吸器操作卡
2.2 连接腰带扣，由带扣两端收紧，向下拉肩带，将带的端部卷起在腰带内；
中国石油大港石化公司
19

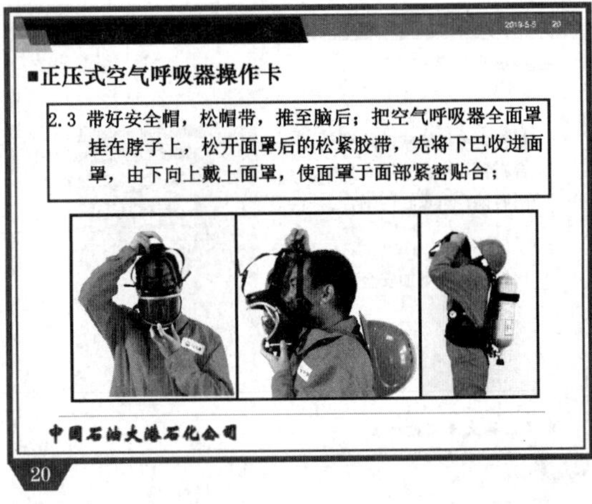
2019-5-5 20
■正压式空气呼吸器操作卡
2.3 带好安全帽，松帽带，推至脑后；把空气呼吸器全面罩挂在脖子上，松开面罩后的松紧胶带，先将下巴收进面罩，由下向上戴上面罩，使面罩于面部紧密贴合；
中国石油大港石化公司
20

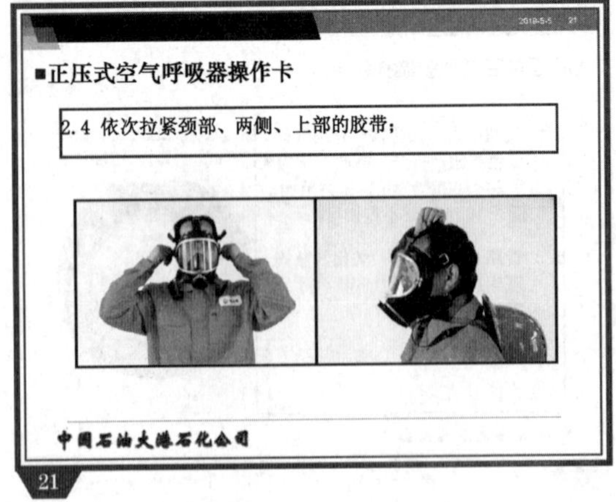
2019-5-5 21
■正压式空气呼吸器操作卡
2.4 依次拉紧颈部、两侧、上部的胶带；
中国石油大港石化公司
21

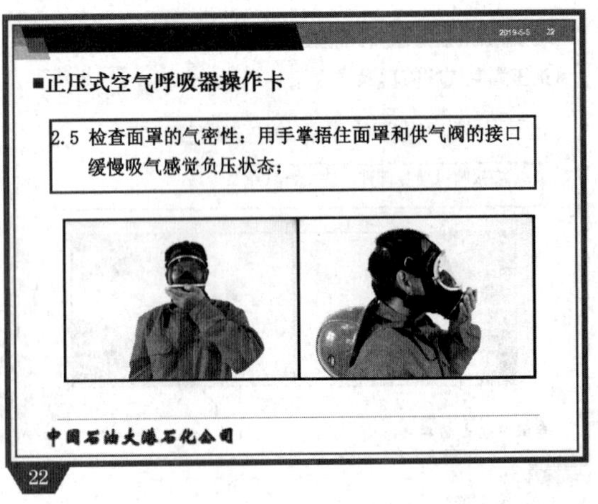
2019-5-5 22
■正压式空气呼吸器操作卡
2.5 检查面罩的气密性：用手掌捂住面罩和供气阀的接口缓慢吸气感觉负压状态；
中国石油大港石化公司
22

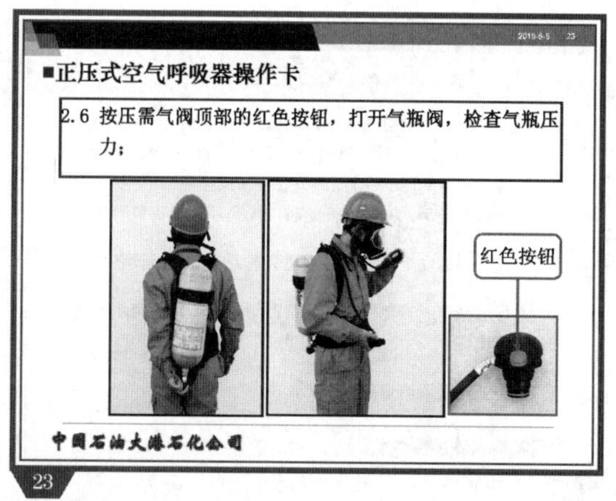
■正压式空气呼吸器操作卡
2.6 按压需气阀顶部的红色按钮，打开气瓶阀，检查气瓶压力；
红色按钮
中国石油大港石化公司
23

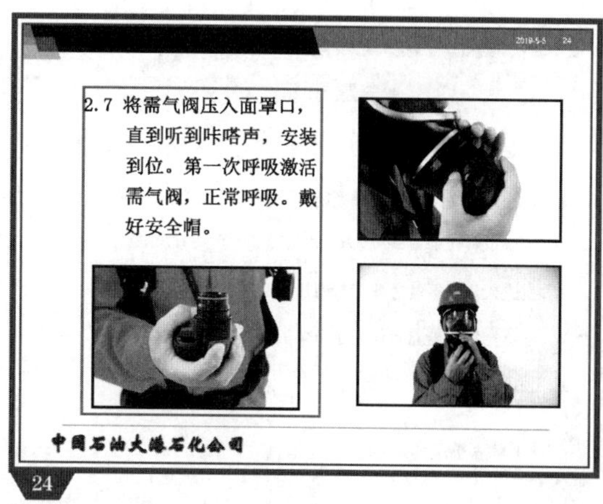
2.7 将需气阀压入面罩口，直到听到咔嗒声，安装到位。第一次呼吸激活需气阀，正常呼吸。戴好安全帽。
中国石油大港石化公司
24

佩戴完毕！
中国石油大港石化公司
25

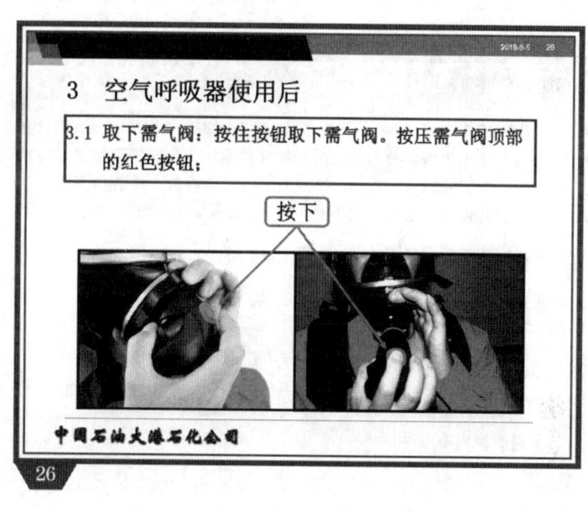
3　空气呼吸器使用后
3.1 取下需气阀：按住按钮取下需气阀。按压需气阀顶部的红色按钮；
按下
中国石油大港石化公司
26

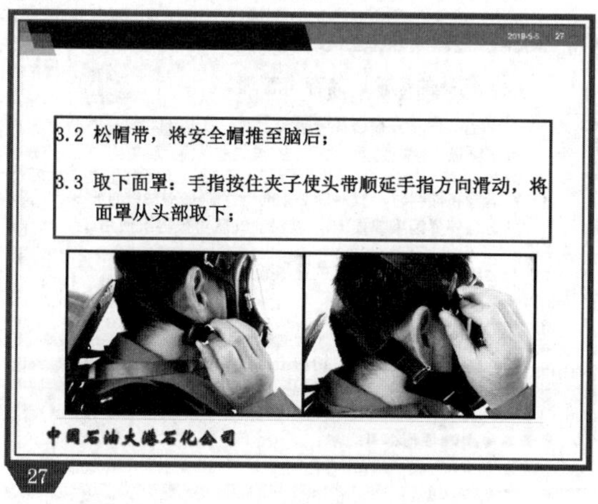
3.2 松帽带，将安全帽推至脑后；
3.3 取下面罩：手指按住夹子使头带顺延手指方向滑动，将面罩从头部取下；
中国石油大港石化公司
27

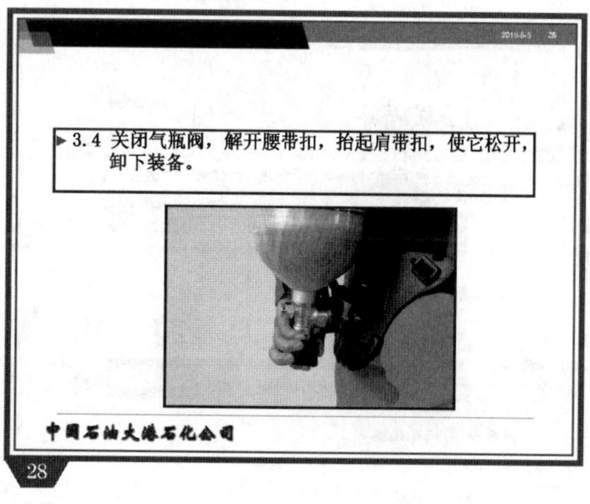
3.4 关闭气瓶阀，解开腰带扣，抬起肩带扣，使它松开，卸下装备。
中国石油大港石化公司
28

■注意事项

如果使用不当，呼吸防护设备本身就是潜在的危险！

1. 使用人员必须接受过呼吸防护设备的操作培训。
2. 不要单独作业（至少2人一组）。
3. 在进入危险区域之前，气瓶压力必须达到额定压力的80%。
4. 高压空气不能直接作用于身体的任何部位。
5. 使用前必须检查气密性。

6. 使用过程中经常检查气压，确保及时返回；气瓶压力低于(5.5±0.5)MPa时报警哨开始鸣叫，此时以平均呼吸量呼吸，还可使用5~8min，鸣警将持续至瓶内的空气被完全排出耗尽。在鸣警开始时，人员尽快撤离危险区域。
7. 在没有到达安全区域或危险消失前，不要卸下设备。
8. 不可用酒精或其他消毒液消毒面罩，只可用肥皂水或清水清洗。
9. 切勿把呼吸器随意扔在地上。

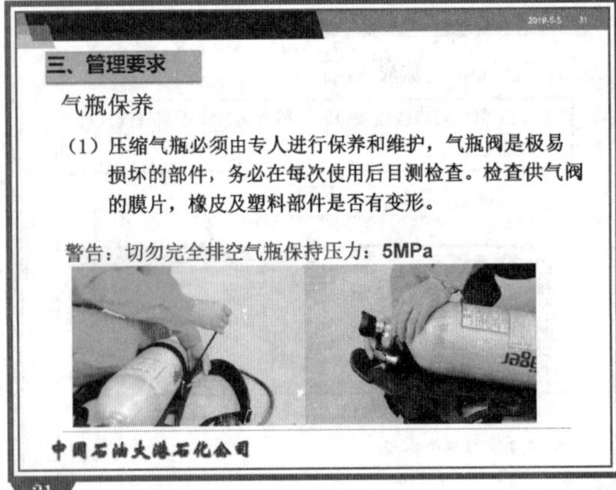

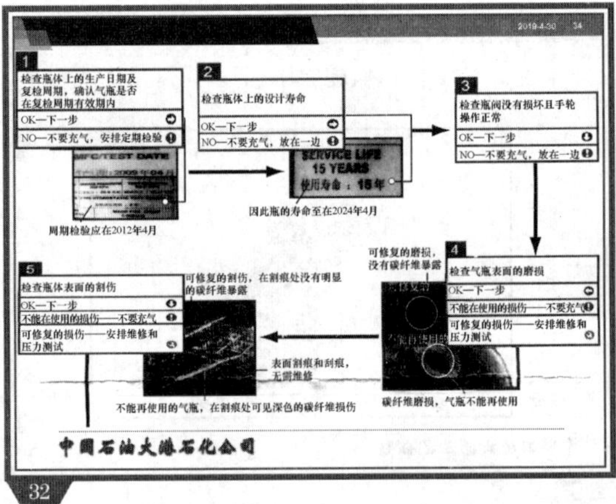

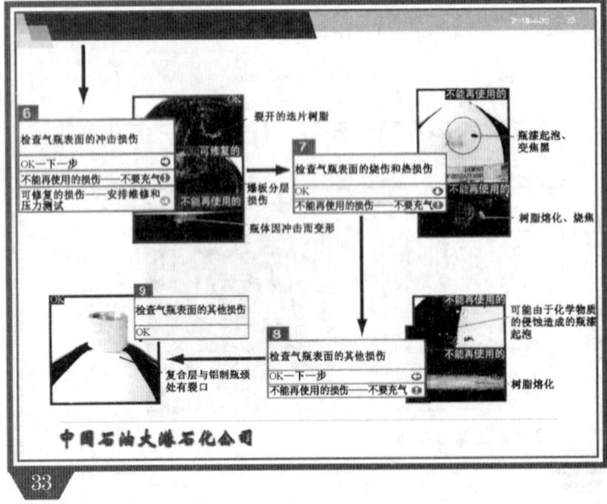

（2）气瓶的运输、储存、管理。

当气瓶不再被装在呼吸器上时，在运输和储存时必须遵循以下规则：

1. 在运输和储存时，气瓶阀必须有一个阀盖对螺纹进行保护防止外界污染或损坏，以保证气瓶可被再次使用。
2. 在运输时气瓶必须竖直放置，瓶阀向上。
3. 在搬动气瓶时必须使用双手。
4. 在运输及搬运过程中，切勿击打、滚动或把气瓶扔在地上。

35

保养与检查

保养与检查项目	每次使用后	每半年	每五年
1.一般检查及检查橡胶部件	o		
2.面具的清洁与消毒	o		
3.面具密封检测视窗检查	o		
4.呼气阀开放压测试		o	
5.静态和动态正压测试		o	
6.压力表精度检验		o	
7.余压报警器工作压力检验		o	
8.高压密封性测试		o	
9.最后测试	o		
10.更换全部橡胶部件			o
11.高压减压阀大检修			o
12.供气阀大检修			o

中国石油大港石化公司

36

结束语

在生产应急与非常规作业过程中，正压式空气呼吸器是我们不可或缺的气防设备，对其正确使用和保养是安全防护的关键。希望通过这次学习，我们每一名员工都能按规范使用正压式空气呼吸器。

同时，在讲解操作过程中如存在疑点或不足之处，希望大家及时指出，我们将完善改进学习内容，使操作使用更加合理规范。

中国石油大港石化公司

37

38

第三节　岗位操作技能课件编制

岗位操作技能类课件是基层岗位 HSE 培训课件中的个性化部分，是针对岗位涉及的日常操作而需要培训的内容。本类培训课件注重理论与实践相结合，培训重点是操作过程中的操作技术要求、现场危害因素识别、风险控制方法和应急处置措施，旨在培养员工良好的 HSE 意识和规范的操作行为，确保员工掌握岗位技能，熟知 HSE 风险，预防事故发生。

一、课件编制依据

岗位操作技能类课件编制的主要依据包括但不限于：

(1)常减压操作岗位日常生产作业活动使用的操作规程和工艺设备图等技术资料。

(2)岗位危害因素辨识评价的结果性资料，如工作循环分析、工作前安全分析等。

(3)常减压操作岗位在基层单位的应急处置程序，岗位使用的应急操作卡。

以“常压系统退油的操作”课件为例，对课件培训主题相关的技术标准、技术资料、危害因素辨识评价结果、应急操作卡等技术文件进行梳理，确定培训素材，表 3－5 展示了素材梳理的思路和方法。

表 3－5　岗位操作技能类课件编制依据清单(示例)

序号	课件名称	技术标准	技术资料	危害因素辨识评价结果	应急操作卡
1	常压系统退油的操作	—	常减压装置停工规程	停工操作 C 级	机泵泄漏、着火的应急处理 换热器泄漏的应急处理等

二、课件主体内容结构

岗位操作技能类课件的编制应符合总体框架要求,如图 3－8 所示,其中主体内容包括但不限于:

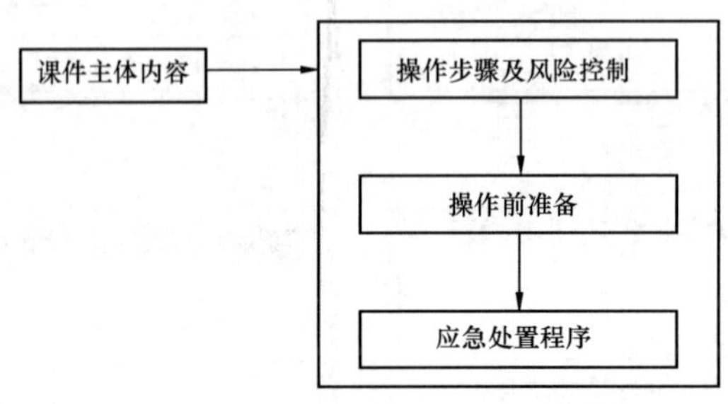

图 3－8　岗位操作技能类课件框架图

(1)操作前准备(包括劳动保护和作业工具)。

(2)操作过程中的具体步骤、操作要点、风险防控。

(3)岗位应急处置总体要求,包括岗位涉及应急预案的职责、应急逃生及自救互救技能等。

三、课件主体内容编制

岗位操作类培训课件主体内容应包括操作前准备、具体操作步骤及应急处置程序,在具体操作步骤中要突出体现操作过程中存在的风险及防范措施。以此来提高员工岗位风险识别与控制的能力,现以“加剂的操作”课件为例,对岗位操作技能类课件主体内容的编制要求作示范说明。

“加剂的操作”课件的主体内容分为三个部分,主要内容示例图如图 3－9 所示。

图 3－9　主要内容示例

(1)操作前准备。

(2)操作步骤。

(3)应急处置。

1. 操作前准备

操作前准备涉及安全防护用具及作业工用具两个方面。安全防护用具一般采用图示的方式示范劳动用品正确的穿戴方法及注意事项,操作工用具一般采用表格或图示的方式列举该项作业需要使用的工用具和数量,示例课件中介绍的内容要达到直观、一目了然,如图 3－10 所示。

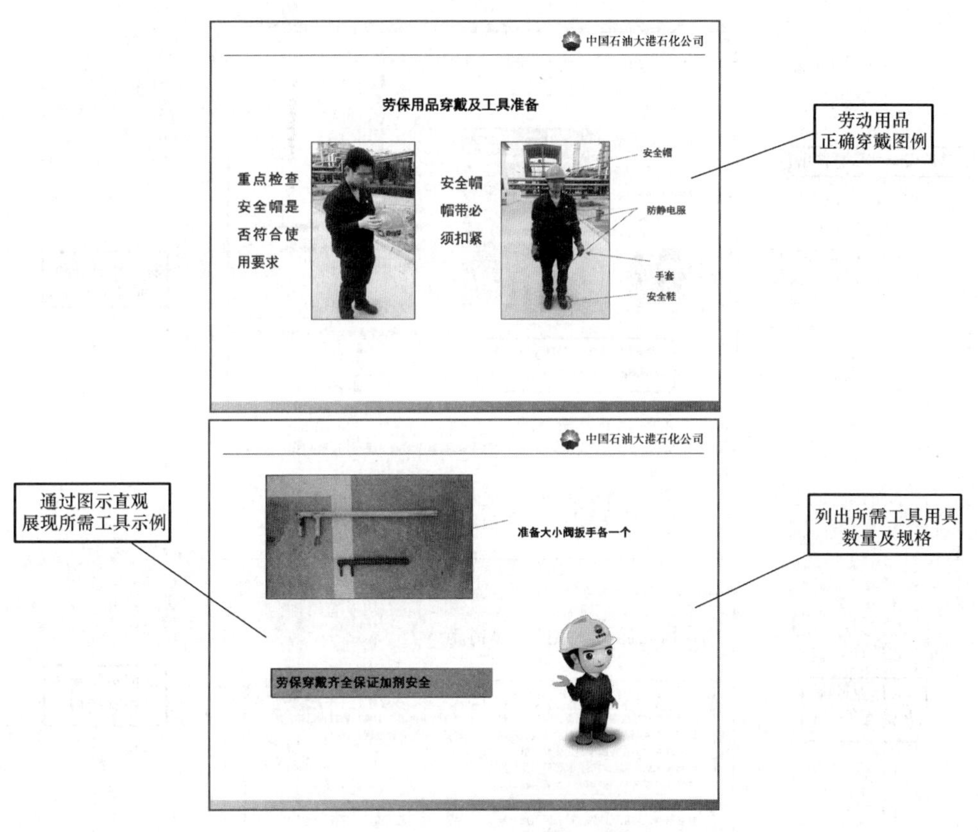

图 3－10 操作前准备示例

2. 操作步骤

根据课件培训的操作项目,按操作步骤介绍操作要点、可能存在的风险和控制要求。尽量采用现场图片和文字相结合的方式描述,存在风险和控制措施要突出提示,如图 3－11 所示。

3. 应急处置

针对该操作项目潜在的事故事件,分类介绍事故事件发生后需要使用的应急物资,采取的应急处置措施等内容。示例课件的操作项目可能发生油气泄漏、机械伤害、触电、中毒等事故事件,针对每类事件阐述员工需要掌握的应急处置方法,如图 3－12 所示。

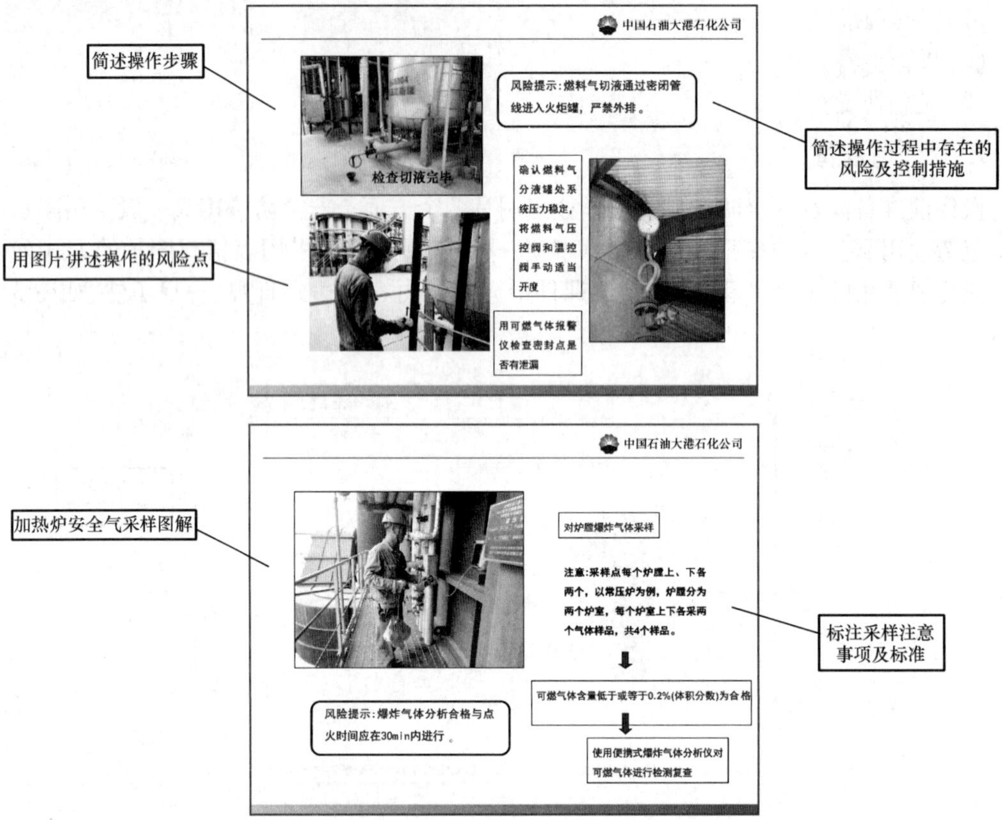

中国石油大港石化公司
简述操作步骤
风险提示：燃料气切液通过密闭管线进入火炬罐，严禁外排。
简述操作过程中存在的风险及控制措施
检查切液完毕
确认燃料气分液罐处系统压力稳定，将燃料气压控阀和温控阀手动适当开度
用图片讲述操作的风险点
用可燃气体报警仪检查密封点是否有泄漏
中国石油大港石化公司
加热炉安全气采样图解
对炉膛爆炸气体采样
注意：采样点每个炉膛上、下各两个，以常压炉为例，炉膛分为两个炉室，每个炉室上下各采两个气体样品，共4个样品。
标注采样注意事项及标准
可燃气体含量低于或等于0.2%(体积分数)为合格
风险提示：爆炸气体分析合格与点火时间应在30min内进行。
使用便携式爆炸气体分析仪对可燃气体进行检测复查

图 3-11　操作步骤示例

中国石油大港石化公司
风险提示及预防应急措施
对作业过程风险逐条提示
对应风险简述控制措施
风险提示
预防应急措施
1. 脱钙剂为腐蚀性液体、有毒，对皮肤、黏膜有强烈的刺激作用，空气中浓度较高时会造成呼吸系统黏膜损伤，皮肤接触时可引起接触部位强烈灼伤。其蒸气与空气形成爆炸性混合物，遇明火、高温引起爆炸。
1. 操作时穿好防护工具，佩戴护目镜，防止喷溅。助剂密闭输送、保存。
2. 油溶性破乳剂为有毒、刺激性液体，严重刺激眼睛，可引起皮肤过敏，吸入后抑制中枢神经系统，遇明火、高温引起爆炸，可与氧化剂发生强烈反应。
2. 操作时穿好防护工具，佩戴护目镜，防止喷溅。助剂密闭输送、保存。

图 3-12　应急处置示例

四、注意事项

（1）避免课件只注重操作步骤而忽视操作风险的提示和注意事项。

（2）应急处置应是针对该项操作出现事件的具体应对方法，而不能直接将应急操作卡套用。

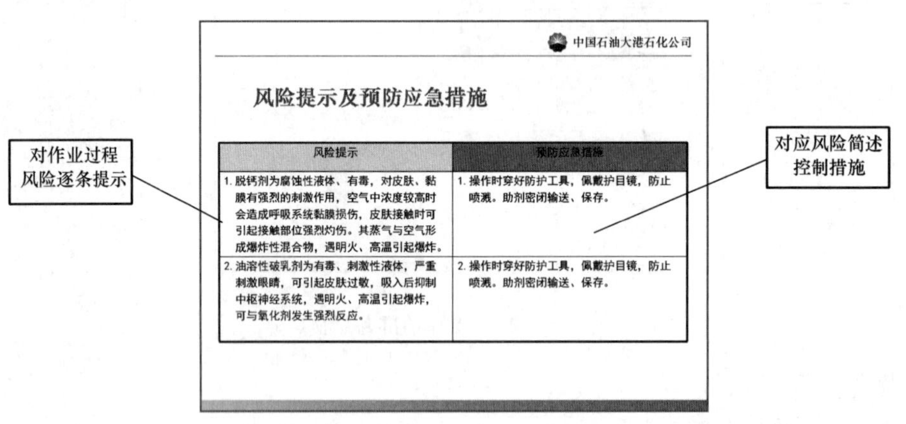

五、重点课件编制实例

(1)加剂的操作如下：

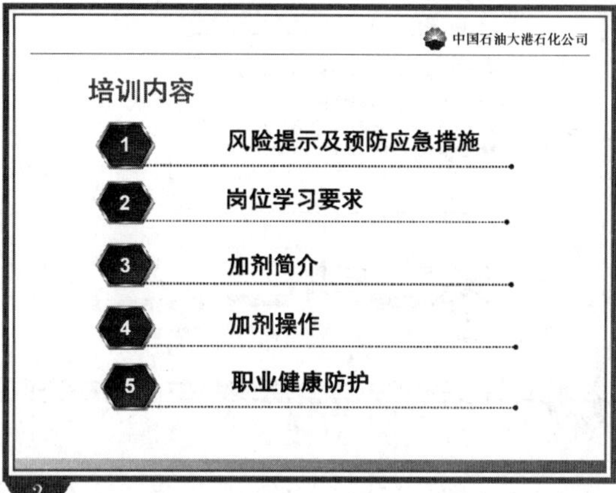

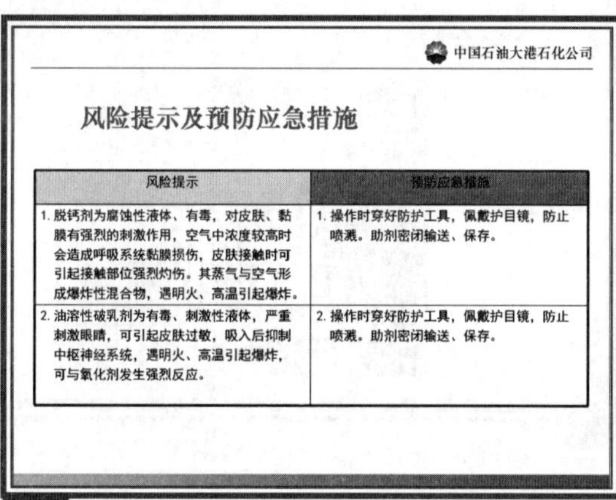

风险提示	预防应急措施
1. 脱钙剂为腐蚀性液体、有毒，对皮肤、黏膜有强烈的刺激作用，空气中浓度较高时会造成呼吸系统黏膜损伤，皮肤接触时可引起接触部位强烈灼伤。其蒸气与空气形成爆炸性混合物，遇明火、高温引起爆炸。	1. 操作时穿好防护工具，佩戴护目镜，防止喷溅。助剂密闭输送、保存。
2. 油溶性破乳剂为有毒、刺激性液体，严重刺激眼睛，可引起皮肤过敏，吸入后抑制中枢神经系统，遇明火、高温引起爆炸，可与氧化剂发生强烈反应。	2. 操作时穿好防护工具，佩戴护目镜，防止喷溅。助剂密闭输送、保存。

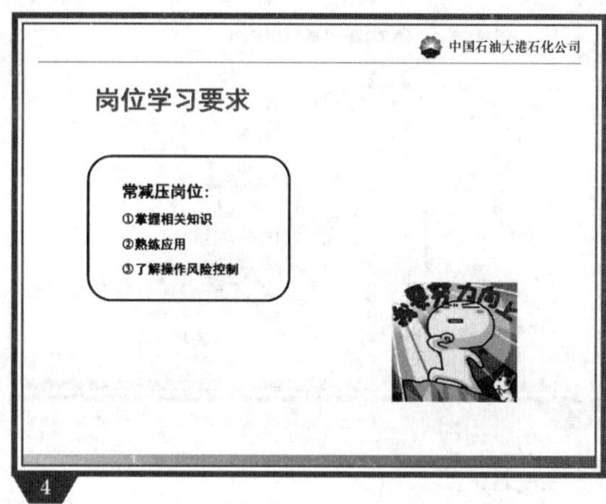

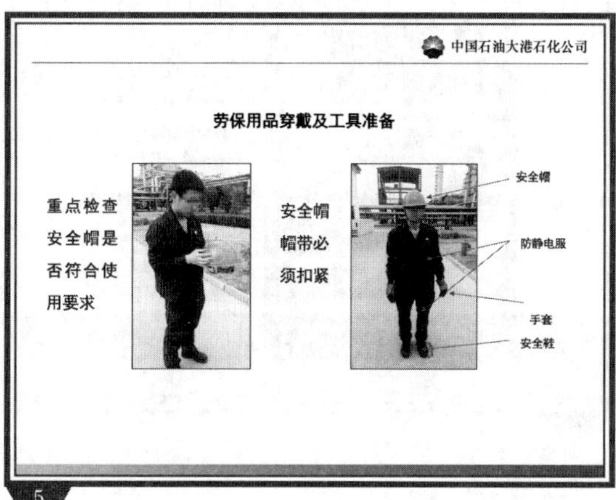

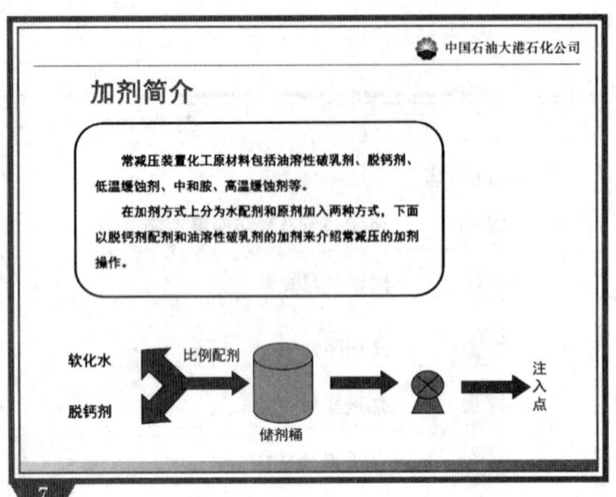
中国石油大港石化公司
加剂简介
常减压装置化工原材料包括油溶性破乳剂、脱钙剂、低温缓蚀剂、中和胺、高温缓蚀剂等。
在加剂方式上分为水配剂和原剂加入两种方式，下面以脱钙剂配剂和油溶性破乳剂的加剂来介绍常减压的加剂操作。
软化水
脱钙剂
比例配剂
储剂桶
注入点
7

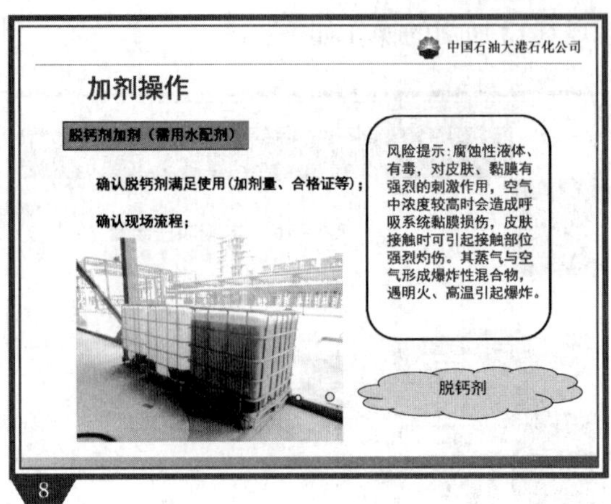
中国石油大港石化公司
加剂操作
脱钙剂加剂（需用水配剂）
确认脱钙剂满足使用(加剂量、合格证等)；
确认现场流程；
风险提示：腐蚀性液体、有毒，对皮肤、黏膜有强烈的刺激作用，空气中浓度较高时会造成呼吸系统黏膜损伤，皮肤接触时可引起接触部位强烈灼伤。其蒸气与空气形成爆炸性混合物，遇明火、高温引起爆炸。
脱钙剂
8

中国石油大港石化公司
打开脱钙剂桶，将固定软管一头插入脱钙剂桶内；
风险提示：操作时穿好防护工具，佩戴护目镜，防止喷溅。
9

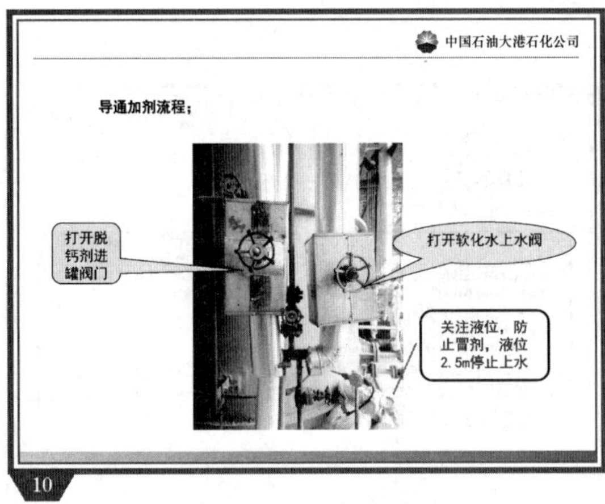
中国石油大港石化公司
导通加剂流程；
打开脱钙剂进罐阀门
打开软化水上水阀
关注液位，防止冒剂，液位2.5m停止上水
10

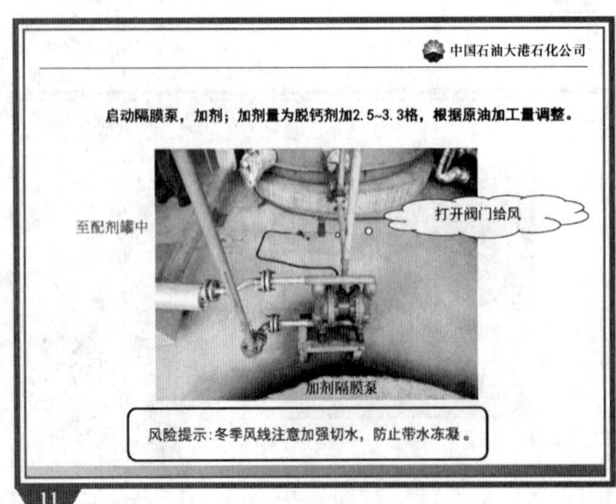
中国石油大港石化公司
启动隔膜泵，加剂；加剂量为脱钙剂加2.5~3.3格，根据原油加工量调整。
至配剂罐中
打开阀门给风
加剂隔膜泵
风险提示：冬季风线注意加强切水，防止带水冻凝。
11

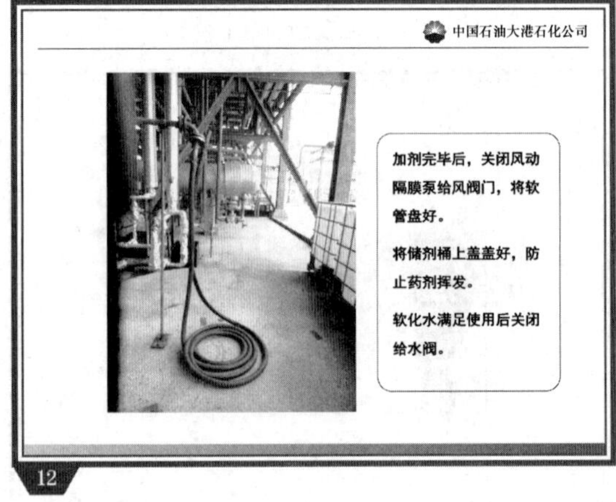
中国石油大港石化公司
加剂完毕后，关闭风动隔膜泵给风阀门，将软管盘好。
将储剂桶上盖盖好，防止药剂挥发。
软化水满足使用后关闭给水阀。
12

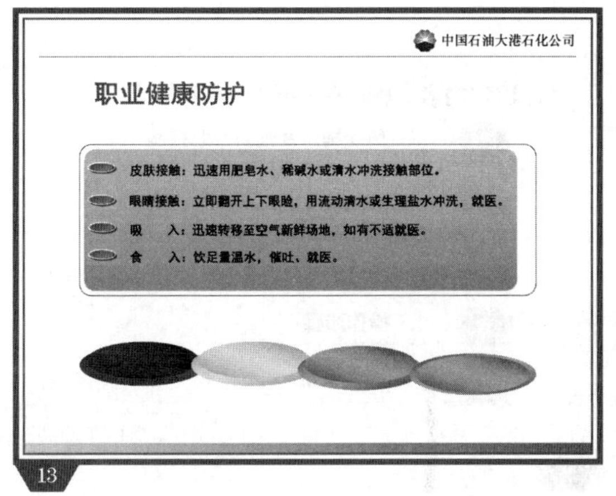
中国石油大港石化公司
职业健康防护
皮肤接触：迅速用肥皂水、稀碱水或清水冲洗接触部位。
眼睛接触：立即翻开上下眼睑，用流动清水或生理盐水冲洗，就医。
吸 入：迅速转移至空气新鲜场地，如有不适就医。
食 入：饮足量温水，催吐、就医。
13

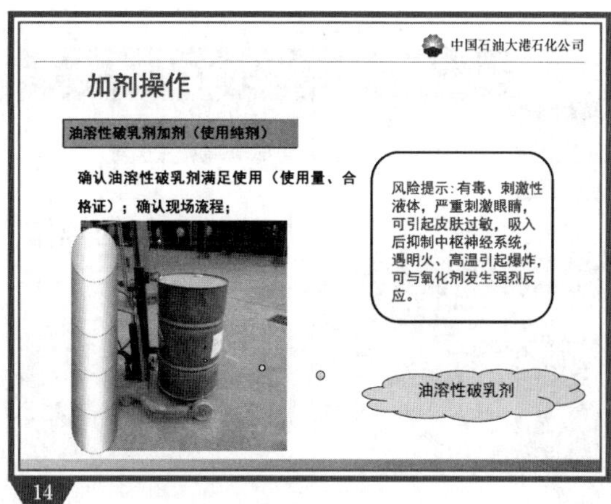
中国石油大港石化公司
加剂操作
油溶性破乳剂加剂（使用纯剂）
确认油溶性破乳剂满足使用（使用量、合格证）；确认现场流程；
风险提示：有毒、刺激性液体，严重刺激眼睛，可引起皮肤过敏，吸入后抑制中枢神经系统，遇明火、高温引起爆炸，可与氧化剂发生强烈反应。
油溶性破乳剂
14

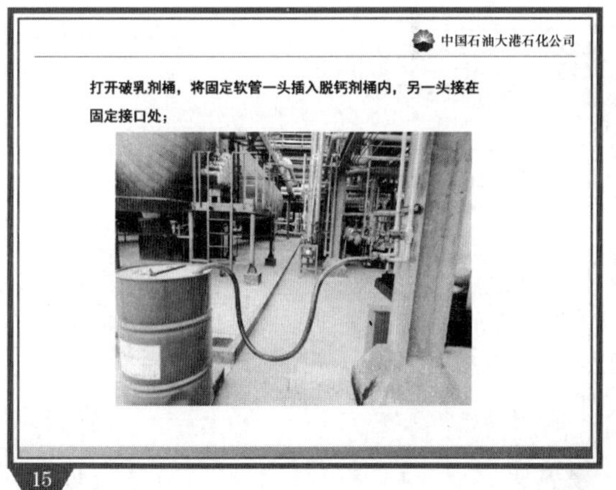
中国石油大港石化公司
打开破乳剂桶，将固定软管一头插入脱钙剂桶内，另一头接在固定接口处；
15

中国石油大港石化公司
确认流程畅通；
启动隔膜泵；
根据标尺显示加剂（液位至1m停止加剂）。
1m
16

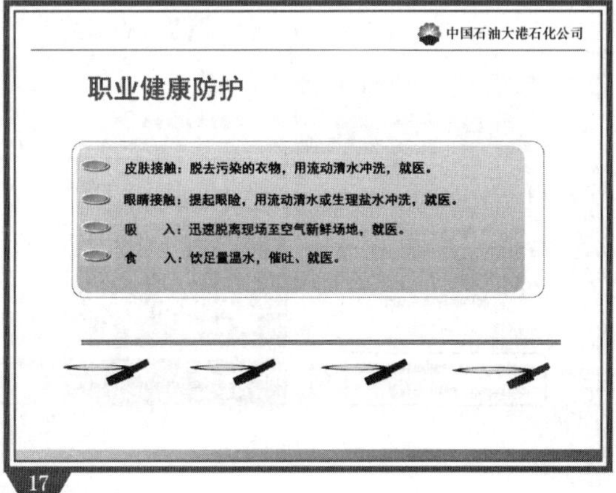
中国石油大港石化公司
职业健康防护
皮肤接触：脱去污染的衣物，用流动清水冲洗，就医。
眼睛接触：提起眼睑，用流动清水或生理盐水冲洗，就医。
吸 入：迅速脱离现场至空气新鲜场地，就医。
食 入：饮足量温水，催吐、就医。
17

谢谢！
18

（2）加热炉点火操作如下：

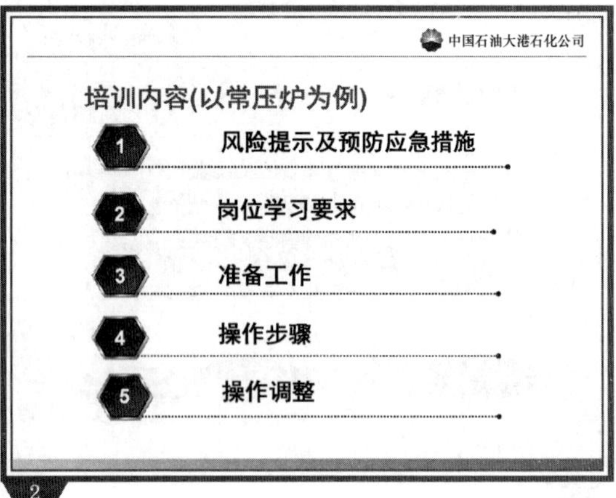

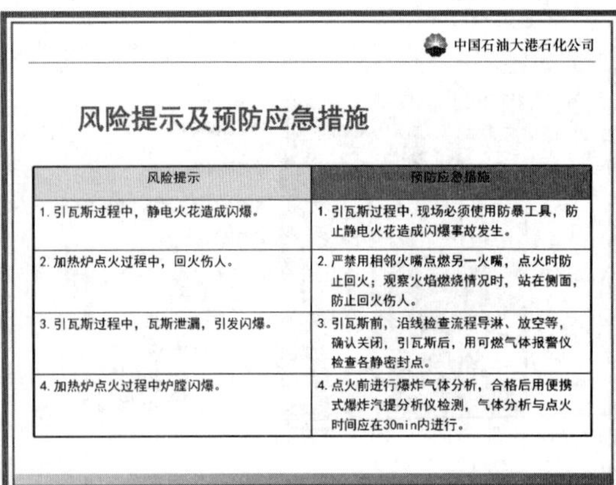

风险提示	预防应急措施
1. 引瓦斯过程中，静电火花造成闪爆。	1. 引瓦斯过程中，现场必须使用防暴工具，防止静电火花造成闪爆事故发生。
2. 加热炉点火过程中，回火伤人。	2. 严禁用相邻火嘴点燃另一火嘴，点火时防止回火；观察火焰燃烧情况时，站在侧面，防止回火伤人。
3. 引瓦斯过程中，瓦斯泄漏，引发闪爆。	3. 引瓦斯前，沿线检查流程导淋、放空等，确认关闭，引瓦斯后，用可燃气体报警仪检查各静密封点。
4. 加热炉点火过程中炉膛闪爆。	4. 点火前进行爆炸气体分析，合格后用便携式爆炸汽提分析仪检测，气体分析与点火时间应在30min内进行。

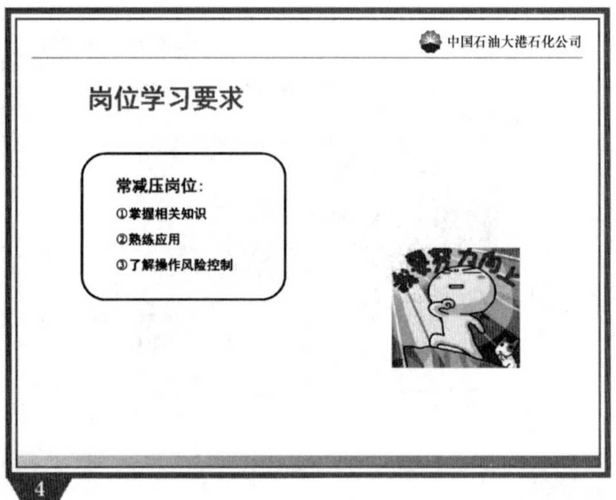

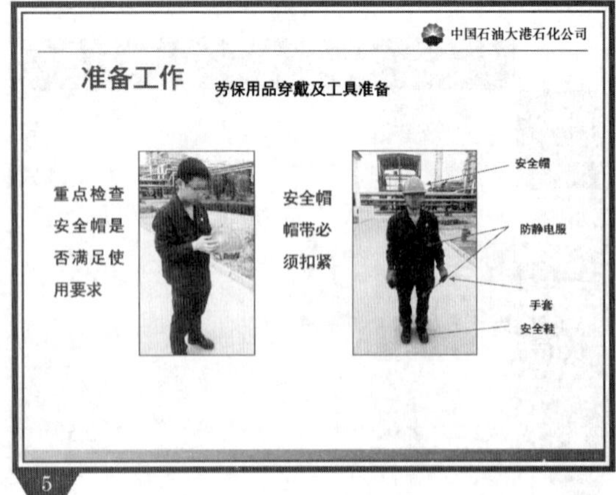

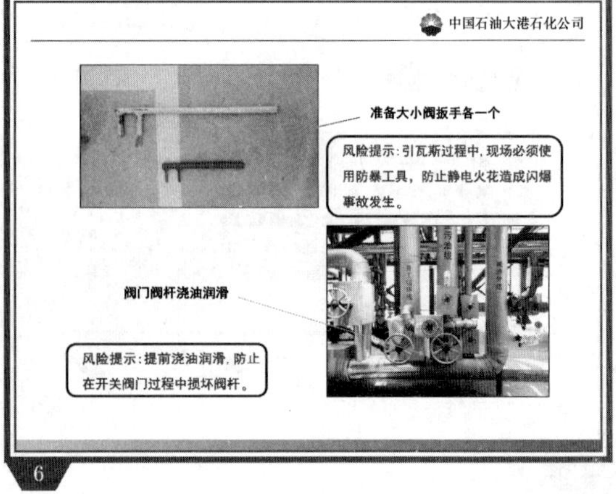

中国石油大港石化公司
引燃料气
确认燃料气系统完成气密，试压合格
通知车间领导和调度中心，装置准备引燃料气
风险提示:如在装置进油前引燃料气进装置，需要分析引入风险，并做好安全措施，装置引燃料气前必须做好检查确认工作，防止瓦斯泄漏或窜入其他容器中，造成闪爆或其他危险。
7

中国石油大港石化公司
检查确认引燃料气前现场状态
关闭燃料气系统导淋及放空阀
风险提示:防止瓦斯泄漏、聚集。
关闭加热炉火嘴双手阀
8

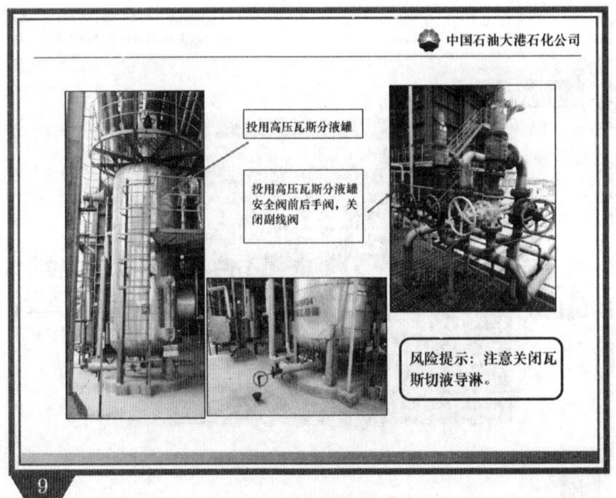
中国石油大港石化公司
投用高压瓦斯分液罐
投用高压瓦斯分液罐安全阀前后手阀，关闭副线阀
风险提示：注意关闭瓦斯切液导淋。
9

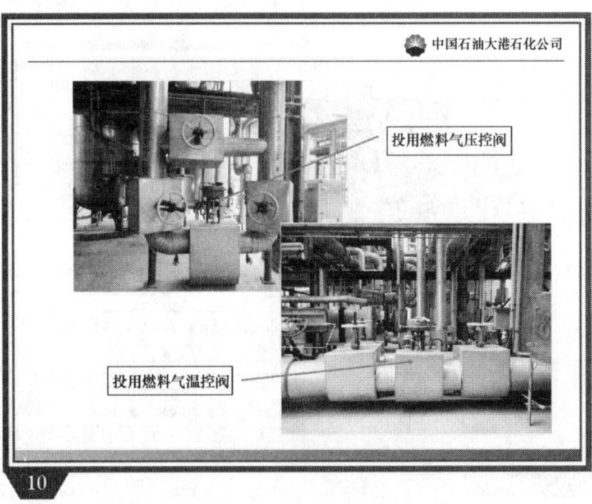
中国石油大港石化公司
投用燃料气压控阀
投用燃料气温控阀
10

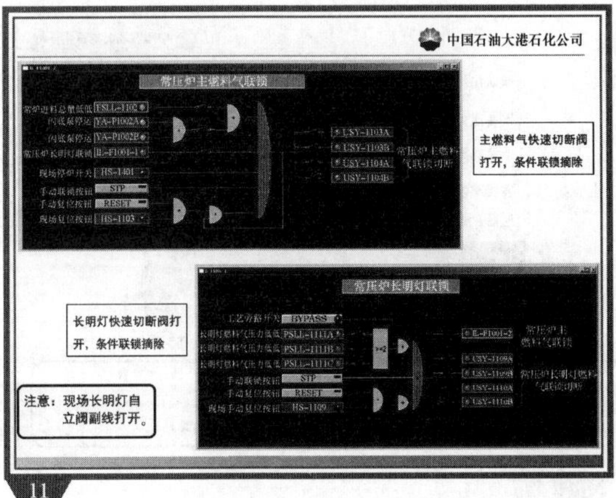
中国石油大港石化公司
常压炉主燃料气联锁
主燃料气快速切断阀打开，条件联锁摘除
常压炉长明灯联锁
长明灯快速切断阀打开，条件联锁摘除
注意：现场长明灯自立阀副线打开。
11

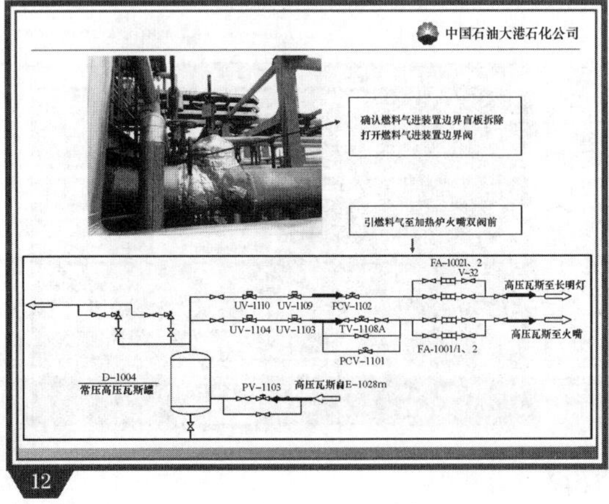
中国石油大港石化公司
确认燃料气进装置边界盲板拆除
打开燃料气进装置边界阀
引燃料气至加热炉火嘴双阀前
FA-10021、2
V-32
高压瓦斯至长明灯
UV-1110
UV-1109
PCV-1102
UV-1104
UV-1103
TV-1108A
高压瓦斯至火嘴
FA-1001/1、2
PCV-1101
D-1004
常压高压瓦斯罐
PV-1103
高压瓦斯自E-1028m
12

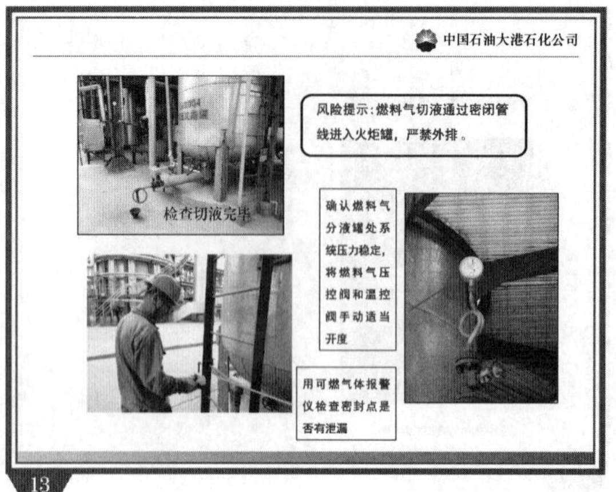
中国石油大港石化公司
风险提示：燃料气切液通过密闭管线进入火炬罐，严禁外排。
检查切液完毕
确认燃料气分液罐处系统压力稳定，将燃料气压控阀和温控阀手动适当开度
用可燃气体报警仪检查密封点是否有泄漏
13

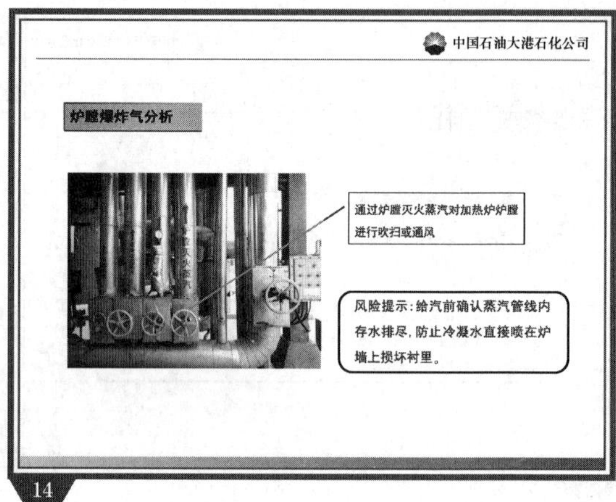
中国石油大港石化公司
炉膛爆炸气分析
通过炉膛灭火蒸汽对加热炉炉膛进行吹扫或通风
风险提示：给汽前确认蒸汽管线内存水排尽，防止冷凝水直接喷在炉墙上损坏衬里。
14

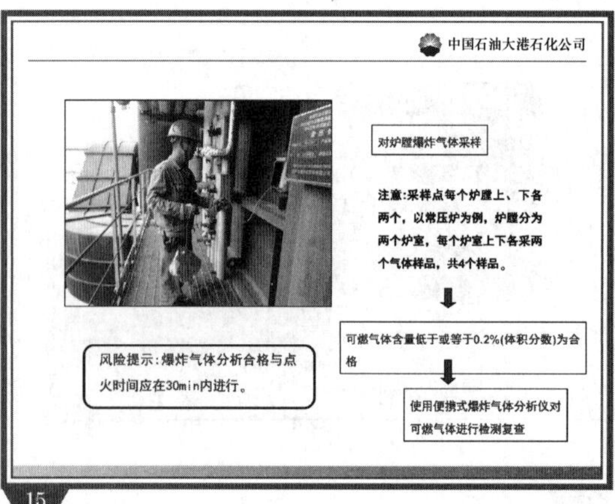
中国石油大港石化公司
对炉膛爆炸气体采样
注意：采样点每个炉膛上、下各两个，以常压炉为例，炉膛分为两个炉室，每个炉室上下各采两个气体样品，共4个样品。
可燃气体含量低于或等于0.2%(体积分数)为合格
使用便携式爆炸气体分析仪对可燃气体进行检测复查
风险提示：爆炸气体分析合格与点火时间应在30min内进行。
15

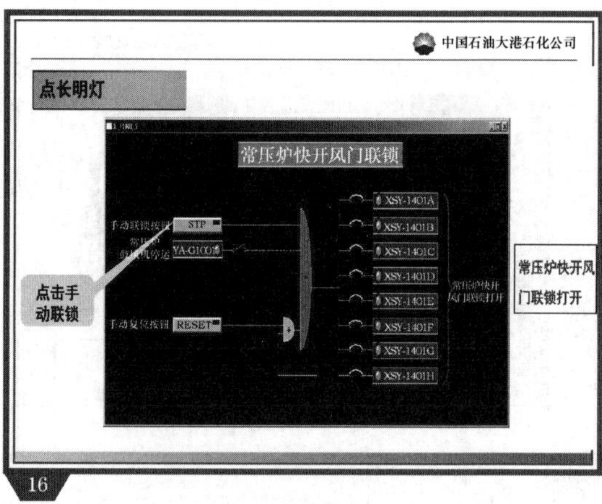
中国石油大港石化公司
点长明灯
常压炉快开风门联锁
手动联锁按钮
STP
RESET
手动复位按钮
XSY-1401A
XSY-1401B
XSY-1401C
XSY-1401D
XSY-1401E
XSY-1401F
XSY-1401G
XSY-1401H
点击手动联锁
常压炉快开风门联锁打开
16

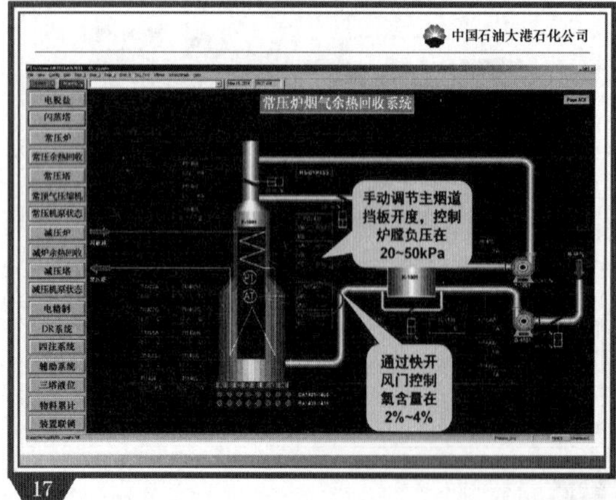
中国石油大港石化公司
常压炉烟气余热回收系统
手动调节主烟道挡板开度，控制炉膛负压在20~50kPa
通过快开风门控制氧含量在2%~4%
17

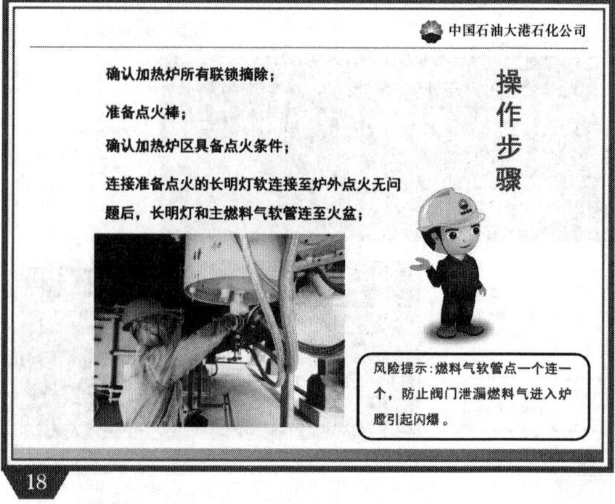
中国石油大港石化公司
操作步骤
确认加热炉所有联锁摘除；
准备点火棒；
确认加热炉区具备点火条件；
连接准备点火的长明灯软连接至炉外点火无问题后，长明灯和主燃料气软管连至火盆；
风险提示：燃料气软管点一个连一个，防止阀门泄漏燃料气进入炉膛引起闪爆。
18

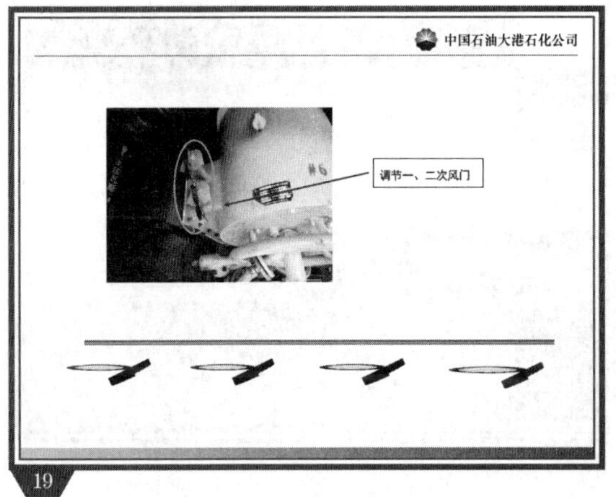
中国石油大港石化公司
调节一、二次风门
19

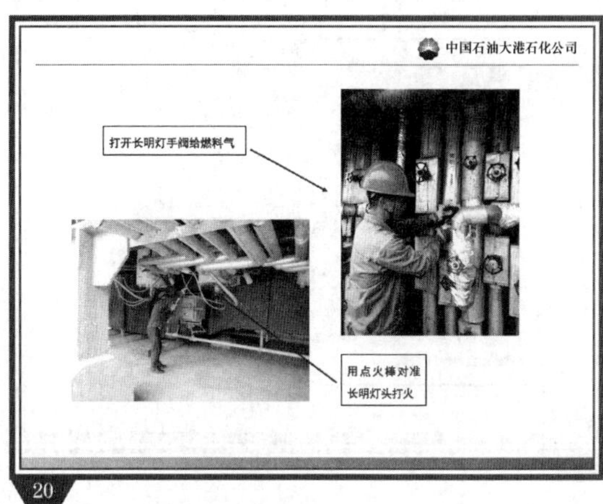
中国石油大港石化公司
打开长明灯手阀给燃料气
用点火棒对准
长明灯头打火
20

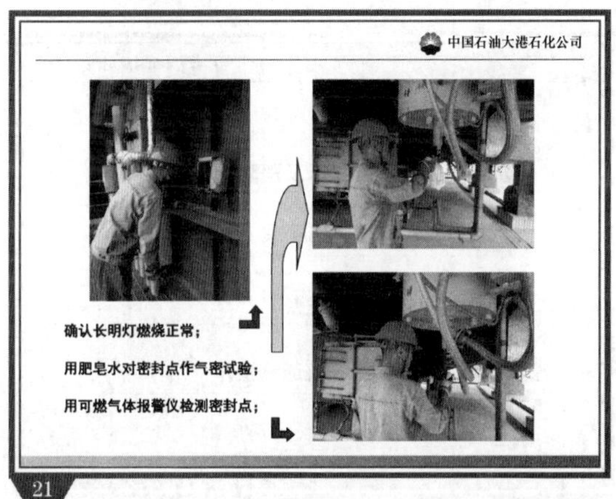
中国石油大港石化公司
确认长明灯燃烧正常；
用肥皂水对密封点作气密试验；
用可燃气体报警仪检测密封点；
21

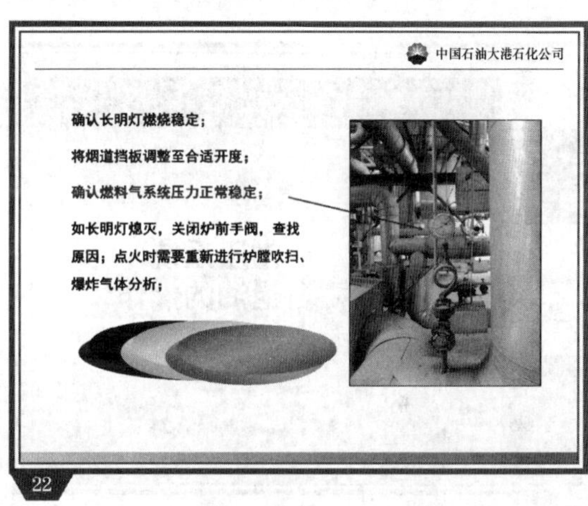
中国石油大港石化公司
确认长明灯燃烧稳定；
将烟道挡板调整至合适开度；
确认燃料气系统压力正常稳定；
如长明灯熄灭，关闭炉前手阀，查找
原因；点火时需要重新进行炉膛吹扫、
爆炸气体分析；
22

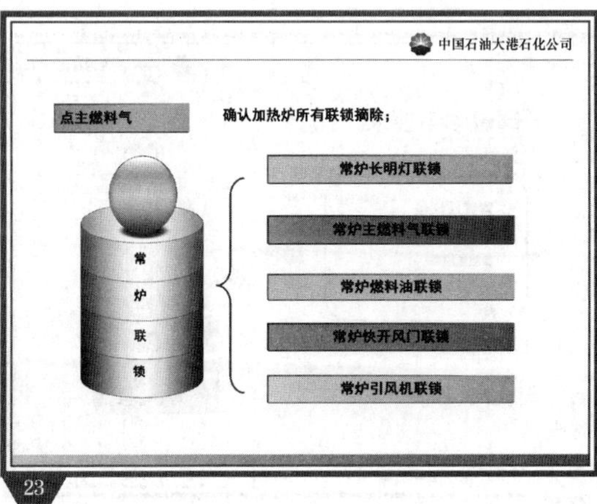
中国石油大港石化公司
点主燃料气
确认加热炉所有联锁摘除；
常炉联锁
常炉长明灯联锁
常炉主燃料气联锁
常炉燃料油联锁
常炉快开风门联锁
常炉引风机联锁
23

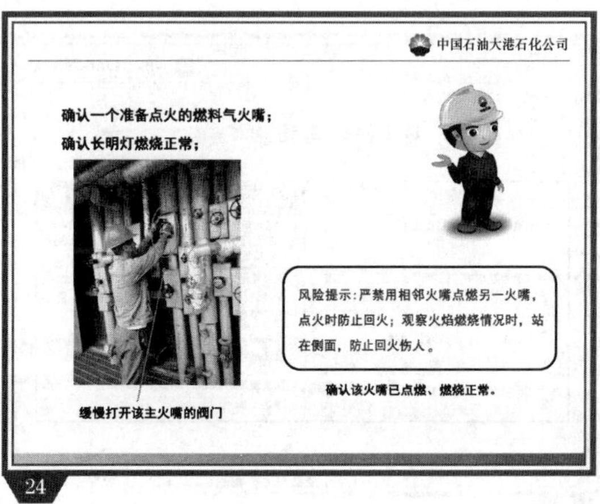
中国石油大港石化公司
确认一个准备点火的燃料气火嘴；
确认长明灯燃烧正常；
风险提示：严禁用相邻火嘴点燃另一火嘴，
点火时防止回火；观察火焰燃烧情况时，站
在侧面，防止回火伤人。
确认该火嘴已点燃、燃烧正常。
缓慢打开该主火嘴的阀门
24

（3）常压系统退油操作如下：

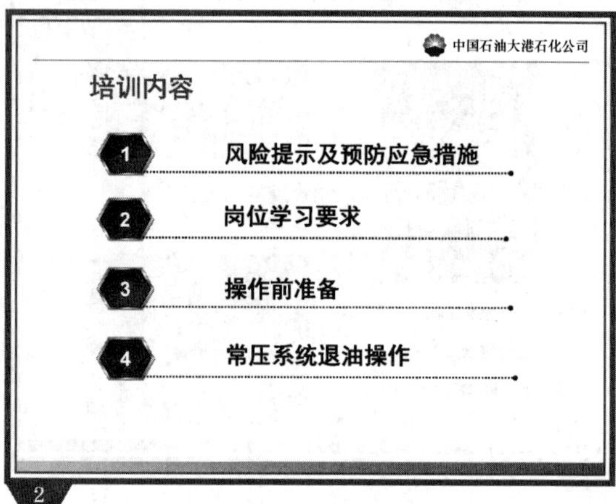

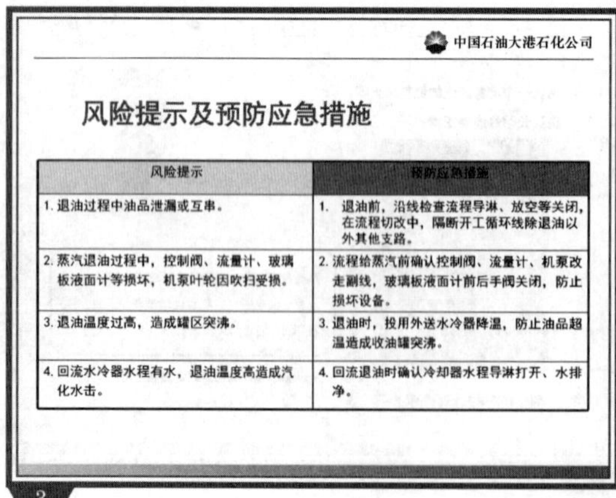

风险提示	预防应急措施
1. 退油过程中油品泄漏或互串。	1. 退油前，沿线检查流程导淋、放空等关闭，在流程切改中，隔断开工循环线除退油以外其他支路。
2. 蒸汽退油过程中，控制阀、流量计、玻璃板液面计等损坏，机泵叶轮因吹扫受损。	2. 流程给蒸汽前确认控制阀、流量计、机泵改走副线，玻璃板液面计前后手阀关闭，防止损坏设备。
3. 退油温度过高，造成罐区突沸。	3. 退油时，投用外送水冷器降温，防止油品超温造成收油罐突沸。
4. 回流水冷器水程有水，退油温度高造成汽化水击。	4. 回流退油时确认冷却器水程导淋打开、水排净。

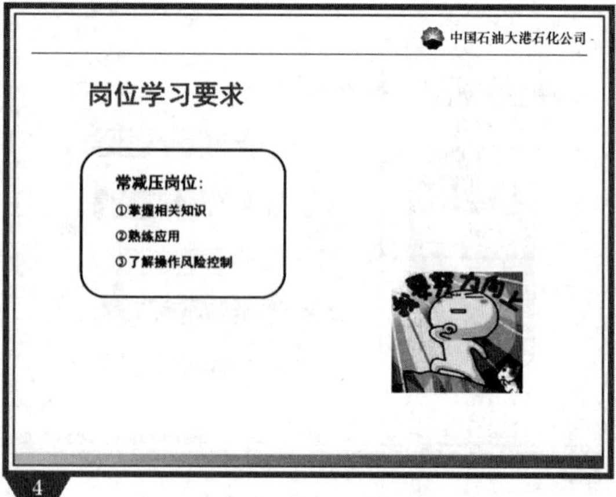

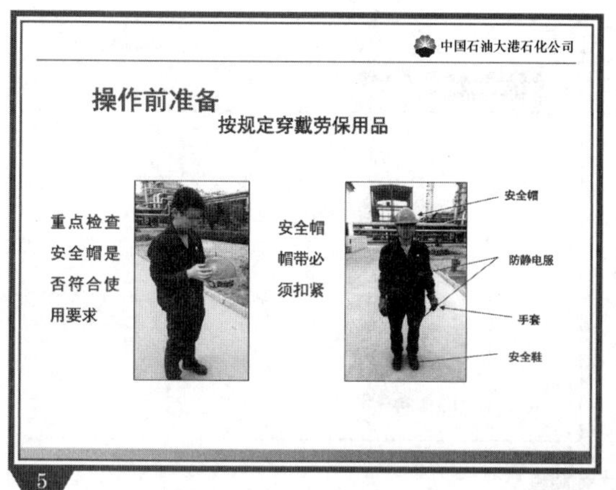
中国石油大港石化公司
操作前准备
按规定穿戴劳保用品
重点检查安全帽是否符合使用要求
安全帽帽带必须扣紧
安全帽
防静电服
手套
安全鞋
5

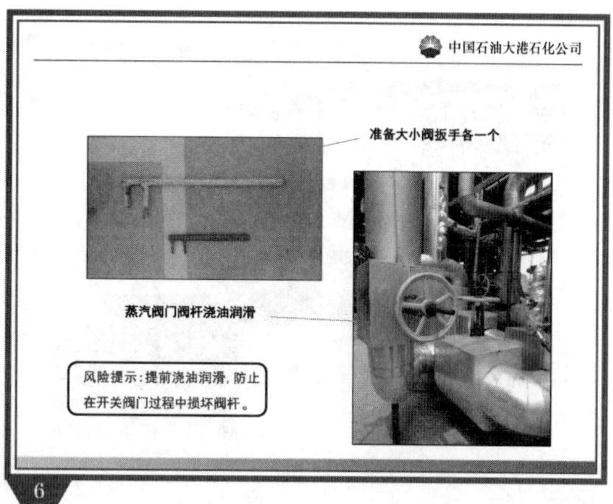
中国石油大港石化公司
准备大小阀扳手各一个
蒸汽阀门阀杆浇油润滑
风险提示：提前浇油润滑，防止在开关阀门过程中损坏阀杆。
6

中国石油大港石化公司
常压系统退油操作
1. 主流程退油
停原油泵、闪底泵、常底泵、减底泵后，联系调度，常压退油至原油罐区；
确认塔顶油气放火炬；
风险提示：退油前确认原油退油流程正确，确认关闭排凝、排空，并加强联系。确认电脱盐切出系统。
7

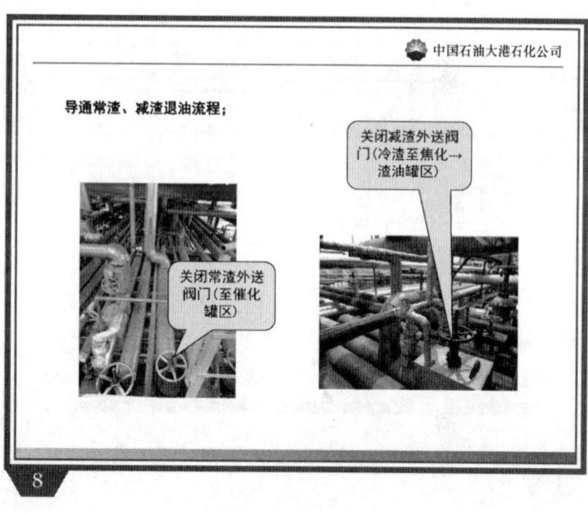
中国石油大港石化公司
导通常渣、减渣退油流程；
关闭减渣外送阀门(冷渣至焦化→渣油罐区)
关闭常渣外送阀门(至催化罐区)
8

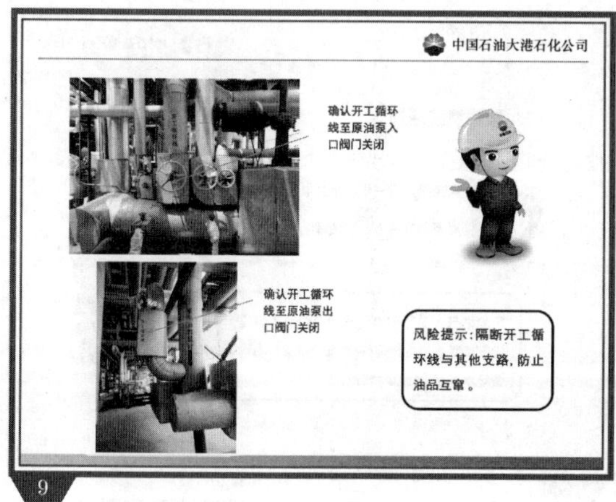
中国石油大港石化公司
确认开工循环线至原油泵入口阀门关闭
确认开工循环线至原油泵出口阀门关闭
风险提示：隔断开工循环线与其他支路，防止油品互窜。
9

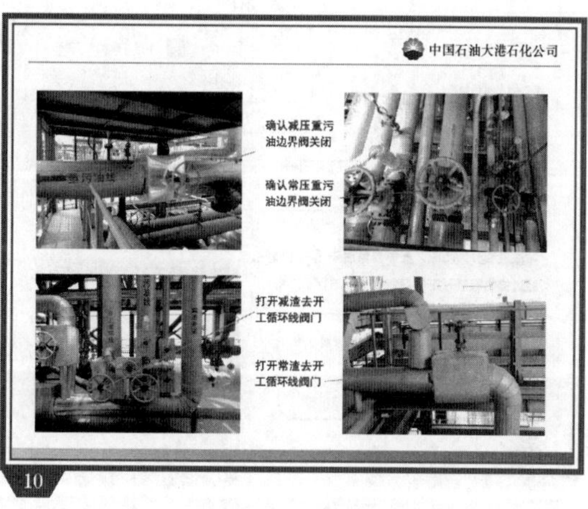
中国石油大港石化公司
确认减压重污油边界阀关闭
确认常压重污油边界阀关闭
打开减渣去开工循环线阀门
打开常渣去开工循环线阀门
10

中国石油大港石化公司
打开原油泵上方开工循环线去退油流程阀门
确认电脱盐退油线至减压重污油线阀门关闭
打开开工循环线并减压重污油线阀门
11

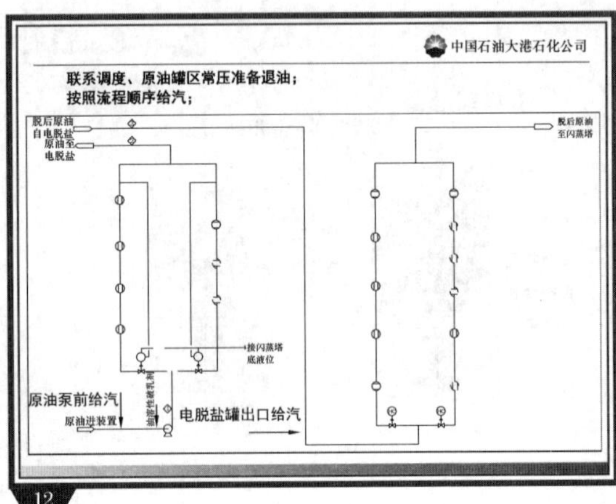

中国石油大港石化公司
联系调度、原油罐区常压准备退油；
按照流程顺序给汽；
原油泵前给汽
原油进装置
电脱盐罐出口给汽
12

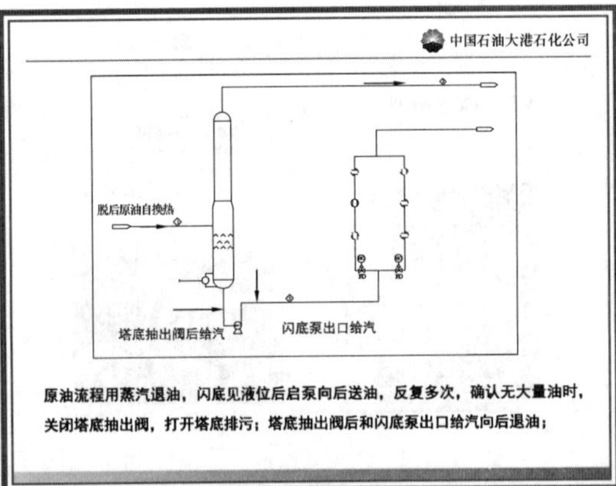

中国石油大港石化公司
脱后原油自换热
塔底抽出阀后给汽
闪底泵出口给汽
原油流程用蒸汽退油，闪底见液位后启泵向后送油，反复多次，确认无大量油时，关闭塔底抽出阀，打开塔底排污；塔底抽出阀后和闪底泵出口给汽向后退油；
13

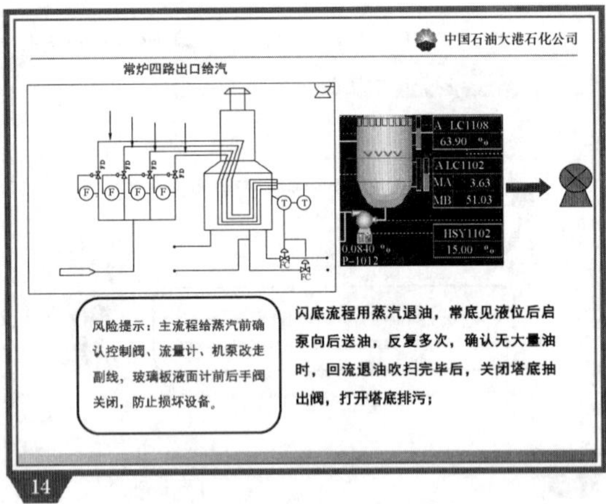

中国石油大港石化公司
常炉四路出口给汽
LC1108
63.90
LC1102
MA 3.63
MB 51.03
HSY1102
15.00
P-1012
风险提示：主流程给蒸汽前确认控制阀、流量计、机泵改走副线，玻璃板液面计前后手阀关闭，防止损坏设备。
闪底流程用蒸汽退油，常底见液位后启泵向后送油，反复多次，确认无大量油时，回流退油吹扫完毕后，关闭塔底抽出阀，打开塔底排污；
14

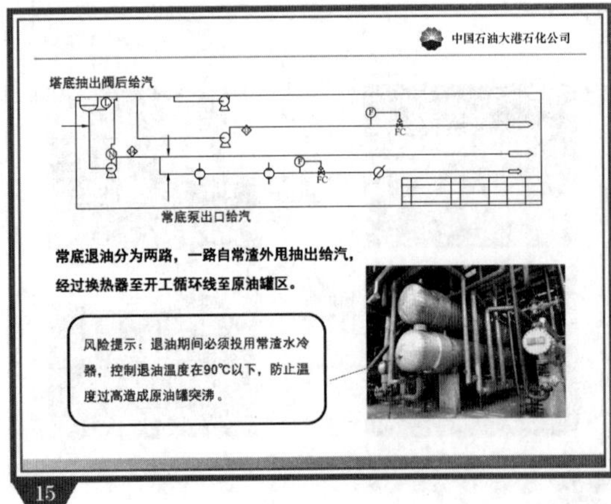

中国石油大港石化公司
塔底抽出阀后给汽
常底泵出口给汽
常底退油分为两路，一路自常渣外甩抽出给汽，经过换热器至开工循环线至原油罐区。
风险提示：退油期间必须投用常渣水冷器，控制退油温度在90℃以下，防止温度过高造成原油罐突沸。
15

中国石油大港石化公司
2. 柴油系统退油
常顶循、常一中、常二中给汽退油；
联系调度中心、柴油罐区柴油系统退油；
风险提示：退油前确认柴油电精制改副线，柴油自常压装置直接去柴油罐区，常顶循给汽前确认水冷器循环水排空，防止给汽后水击。
16

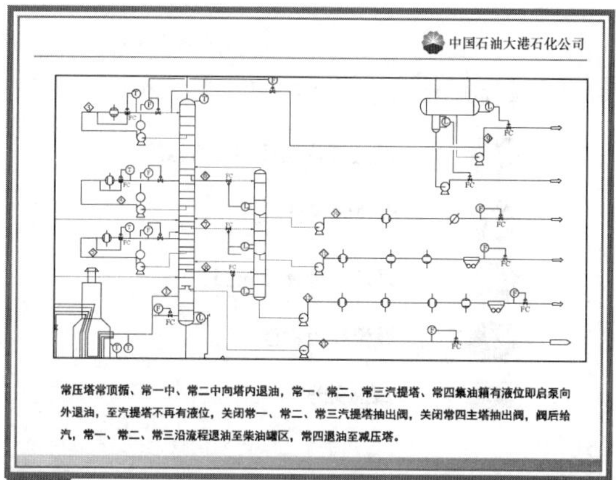
中国石油大港石化公司
常压塔常顶循、常一中、常二中向塔内退油，常一、常二、常三汽提塔、常四集油箱有液位即启泵向外退油，至汽提塔不再有液位，关闭常一、常二、常三汽提塔抽出阀，关闭常四主塔抽出阀，阀后给汽，常一、常二、常三沿流程退油至柴油罐区，常四退油至减压塔。
17

中国石油大港石化公司
3. 汽油系统退油
联系调度中心、汽油罐区汽油系统退油；
风险提示：退油前确认汽油电脱水改副线，汽油自常压装置直接去汽油罐区。
18

中国石油大港石化公司
汽油电脱水罐改副线；
关闭汽油电脱水罐出口阀
打开汽油电脱水罐副线阀
关闭汽油电脱水罐入口阀
19

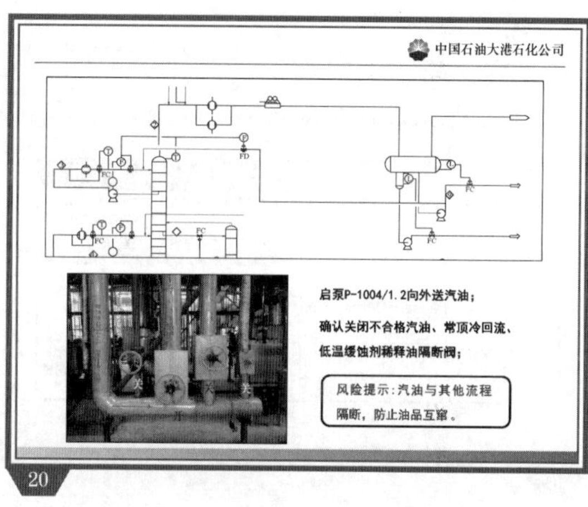
中国石油大港石化公司
启泵P-1004/1.2向外送汽油；
确认关闭不合格汽油、常顶冷回流、低温缓蚀剂稀释油隔断阀；
风险提示：汽油与其他流程隔断，防止油品互窜。
20

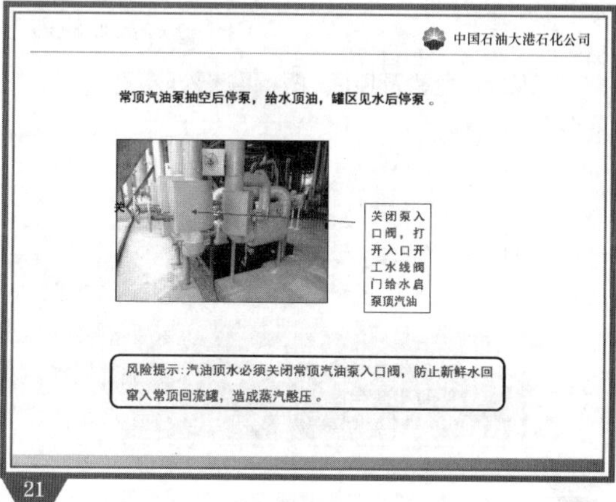
中国石油大港石化公司
常顶汽油泵抽空后停泵，给水顶油，罐区见水后停泵。
关闭泵入口阀，打开入口开工水线阀门给水启泵顶汽油
风险提示：汽油顶水必须关闭常顶汽油泵入口阀，防止新鲜水回窜入常顶回流罐，造成蒸汽憋压。
21

谢谢！
22

（4）减底泵抽空的应急处理如下：

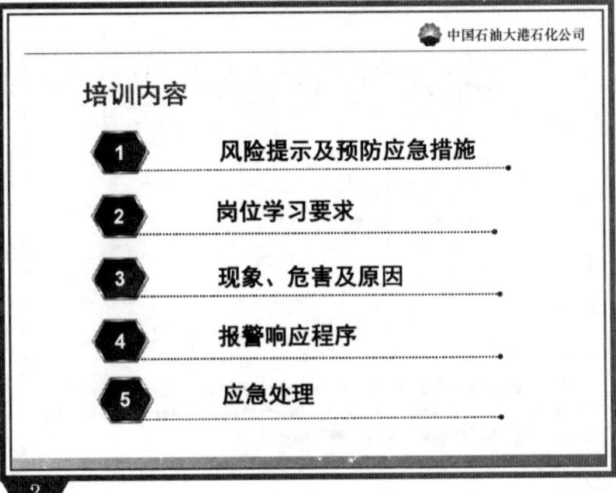

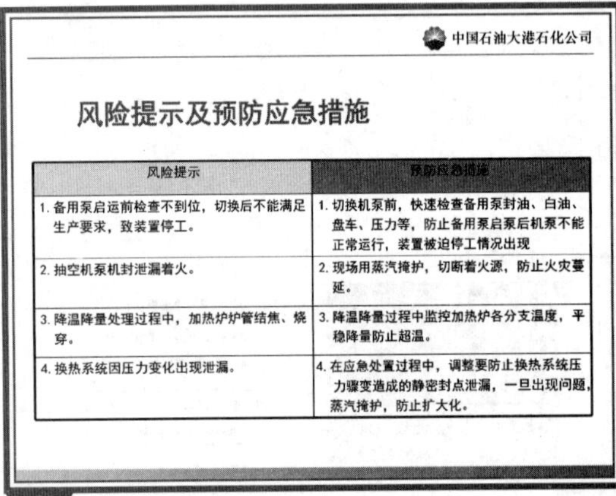

风险提示	预防应急措施
1. 备用泵启运前检查不到位，切换后不能满足生产要求，致装置停工。	1. 切换机泵前，快速检查备用泵封油、白油、盘车、压力等，防止备用泵启泵后机泵不能正常运行，装置被迫停工情况出现
2. 抽空机泵机封泄漏着火。	2. 现场用蒸汽掩护，切断着火源，防止火灾蔓延。
3. 降温降量处理过程中，加热炉炉管结焦、烧穿。	3. 降温降量过程中监控加热炉各分支温度，平稳降量防止超温。
4. 换热系统因压力变化出现泄漏。	4. 在应急处置过程中，调整要防止换热系统压力骤变造成的静密封点泄漏，一旦出现问题，蒸汽掩护，防止扩大化。

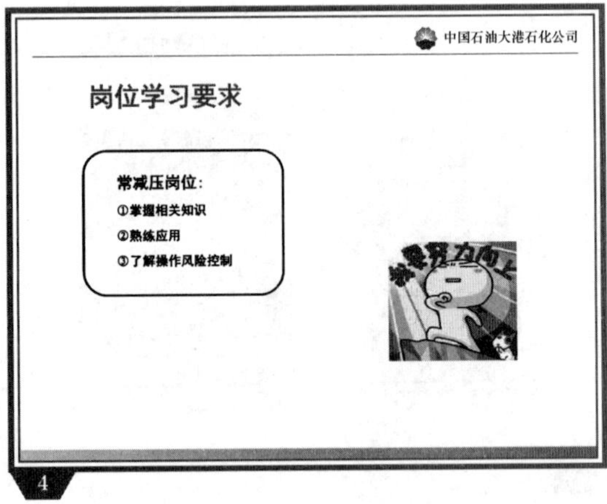

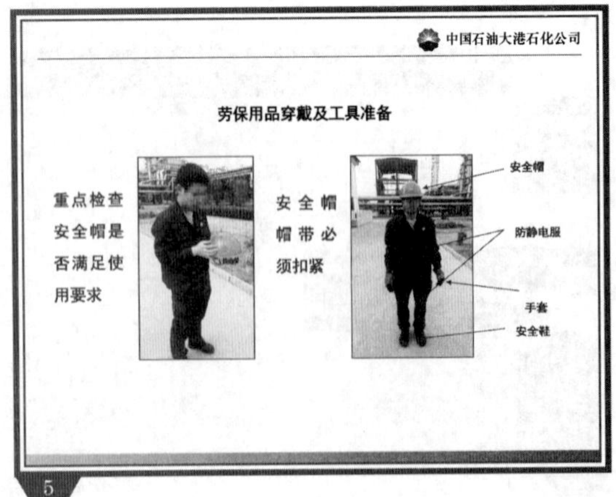

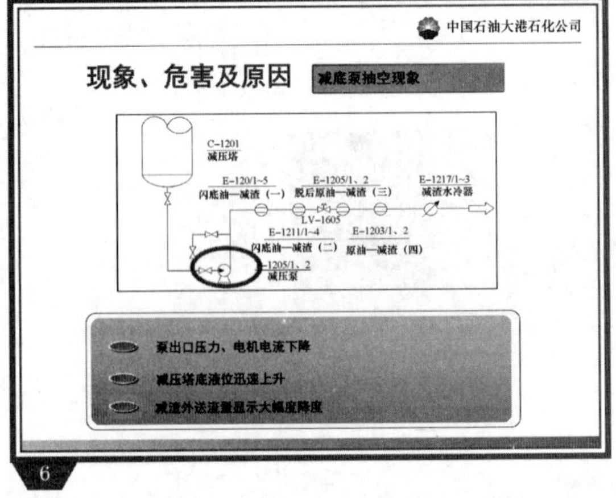

中国石油大港石化公司
减底泵抽空危害
塔底液位高引起生产大幅度波动，减渣自燃点低，机封泄漏易着火，造成周围高温位置火势蔓延，设备损坏，真空度波动，影响下游生产装置
减底泵抽空原因
燃料油回塔
过热蒸汽
ALC1605
63.09 %
VO 100.00
YO 62.20
P-1205
①机泵故障
P-1205
②仪表假指示，实际液位低
③泵预热时预热阀开度过大
④封油带水
⑤泵入口蒸汽窜入
⑥油质过轻
7

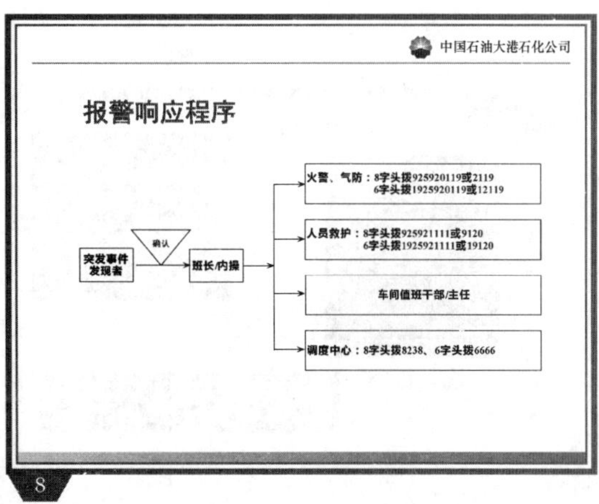
中国石油大港石化公司
报警响应程序
突发事件发现者
确认
班长/内操
火警、气防：8字头拨925920119或2119
6字头拨1925920119或12119
人员救护：8字头拨925921111或9120
6字头拨1925921111或19120
车间值班干部/主任
调度中心：8字头拨8238、6字头拨6666
8

中国石油大港石化公司
应急处理
现场日常准备大小阀扳手
风险提示：在处理过程中，要求迅速及时，防止机泵机封严重泄漏后高温油品喷出造成火灾等次生问题出现，现场需要蒸汽掩护，并有退守方案。
9

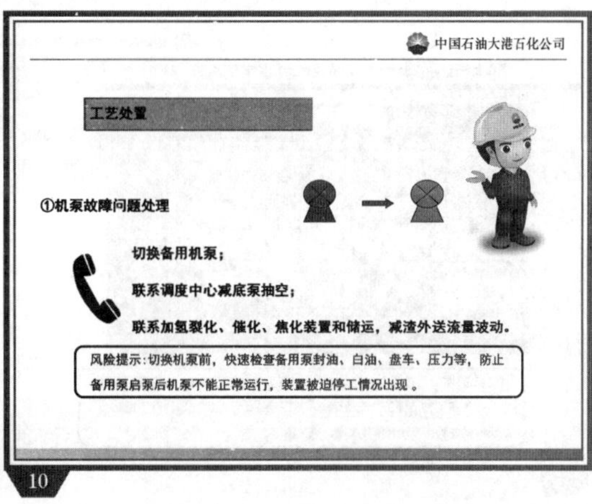
中国石油大港石化公司
工艺处置
①机泵故障问题处理
切换备用机泵；
联系调度中心减底泵抽空；
联系加氢裂化、催化、焦化装置和储运，减渣外送流量波动。
风险提示：切换机泵前，快速检查备用泵封油、白油、盘车、压力等，防止备用泵启泵后机泵不能正常运行，装置被迫停工情况出现。
10

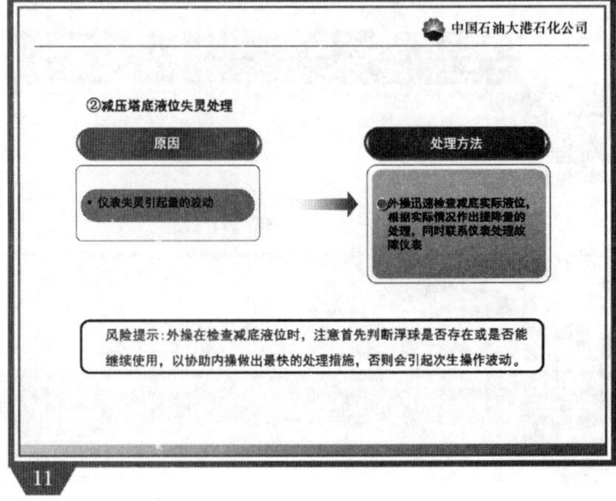
中国石油大港石化公司
②减压塔底液位失灵处理
原因
处理方法
仪表失灵引起量的波动
外操迅速检查减底实际液位，根据实际情况作出提降量的处理，同时联系仪表处理故障仪表
风险提示：外操在检查减底液位时，注意首先判断浮球是否存在或是否能继续使用，以协助内操做出最快的处理措施，否则会引起次生操作波动。
11

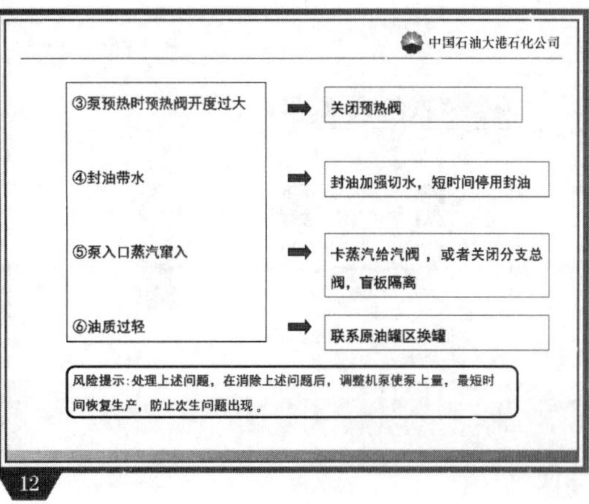
中国石油大港石化公司
③泵预热时预热阀开度过大
关闭预热阀
④封油带水
封油加强切水，短时间停用封油
⑤泵入口蒸汽窜入
卡蒸汽给汽阀，或者关闭分支总阀，盲板隔离
⑥油质过轻
联系原油罐区换罐
风险提示：处理上述问题，在消除上述问题后，调整机泵使泵上量，最短时间恢复生产，防止次生问题出现。
12

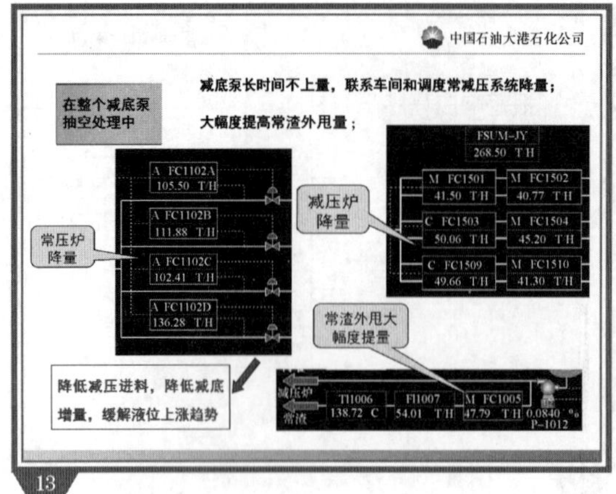
中国石油大港石化公司
在整个减底泵抽空处理中
减底泵长时间不上量，联系车间和调度常减压系统降量；
大幅度提高常渣外甩量；
A FC1102A 105.50 T/H
A FC1102B 111.88 T/H
A FC1102C 102.41 T/H
A FC1102D 136.28 T/H
常压炉降量
FSUM-JY 268.50 T/H
M FC1501 41.50 T/H
M FC1502 40.77 T/H
C FC1503 50.06 T/H
M FC1504 45.20 T/H
C FC1509 49.66 T/H
M FC1510 41.30 T/H
减压炉降量
常渣外甩大幅度提量
降低减压进料，降低减底增量，缓解液位上涨趋势
TI1006 138.72 C
FI1007 54.01 T/H
M FC1005 47.79 T/H
0.0840
P-1012
13

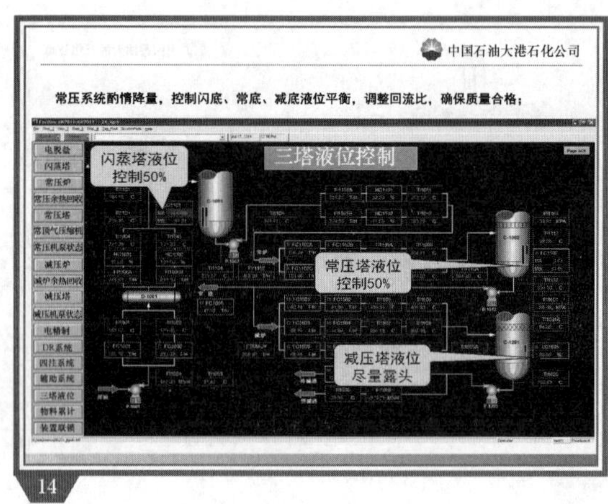
中国石油大港石化公司
常压系统酌情降量，控制闪底、常底、减底液位平衡，调整回流比，确保质量合格；
三塔液位控制
闪蒸塔液位控制50%
常压塔液位控制50%
减压塔液位尽量露头
14

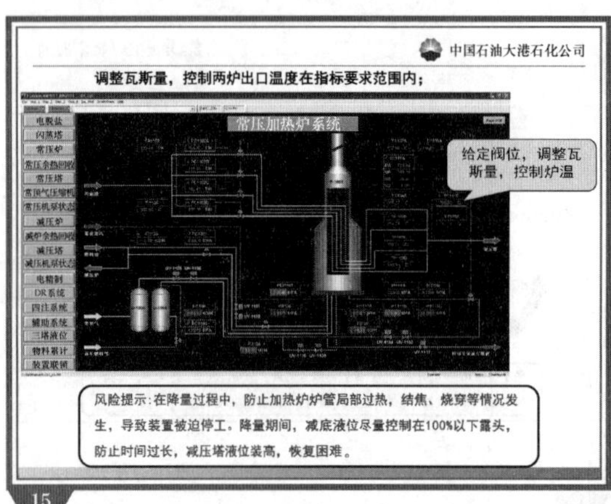
中国石油大港石化公司
调整瓦斯量，控制两炉出口温度在指标要求范围内；
常压加热炉系统
给定阀位，调整瓦斯量，控制炉温
风险提示：在降量过程中，防止加热炉炉管局部过热，结焦、烧穿等情况发生，导致装置被迫停工。降量期间，减底液位尽量控制在100%以下露头，防止时间过长，减压塔液位装高，恢复困难。
15

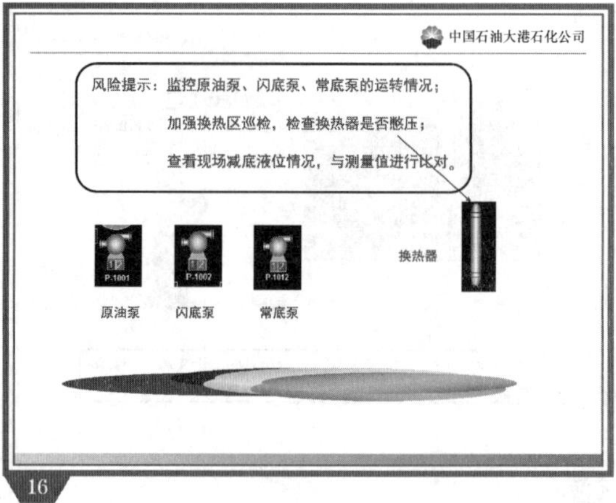
中国石油大港石化公司
风险提示：监控原油泵、闪底泵、常底泵的运转情况；
加强换热区巡检，检查换热器是否憋压；
查看现场减底液位情况，与测量值进行比对。
P-1001
P-1002
P-1012
原油泵
闪底泵
常底泵
换热器
16

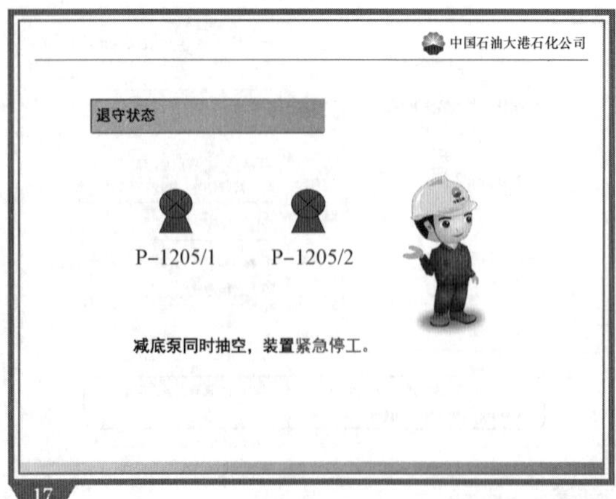
中国石油大港石化公司
退守状态
P-1205/1
P-1205/2
减底泵同时抽空，装置紧急停工。
17

谢谢！
18

（5）常压炉工艺联锁操作如下：

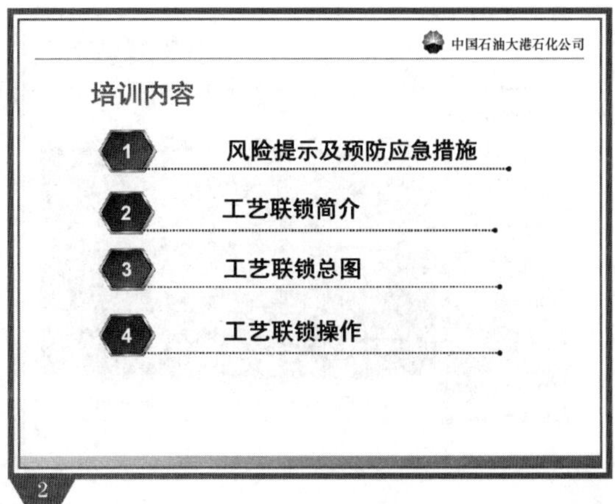

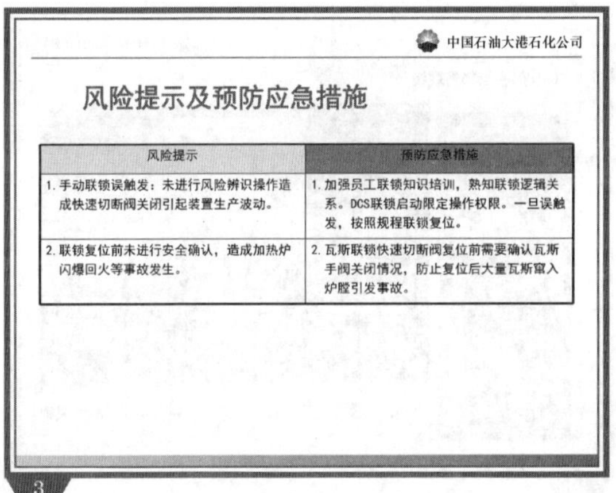

风险提示	预防应急措施
1. 手动联锁误触发：未进行风险辨识操作造成快速切断阀关闭引起装置生产波动。	1. 加强员工联锁知识培训，熟知联锁逻辑关系。DCS联锁启动限定操作权限。一旦误触发，按照规程联锁复位。
2. 联锁复位前未进行安全确认，造成加热炉闪爆回火等事故发生。	2. 瓦斯联锁快速切断阀复位前需要确认瓦斯手阀关闭情况，防止复位后大量瓦斯窜入炉膛引发事故。

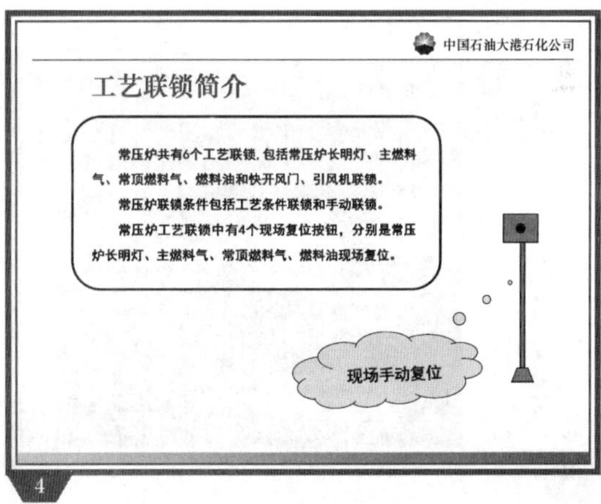

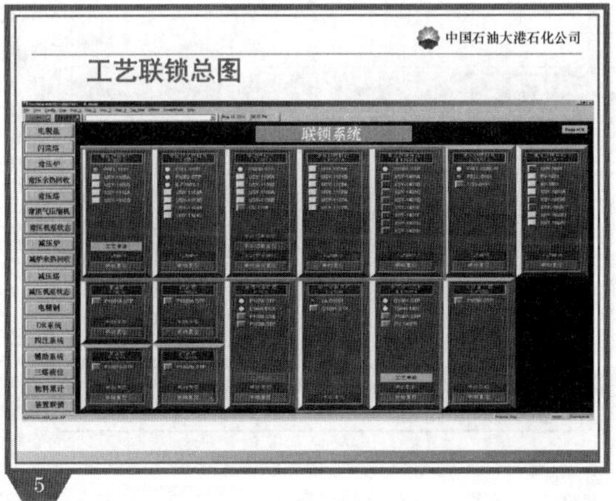

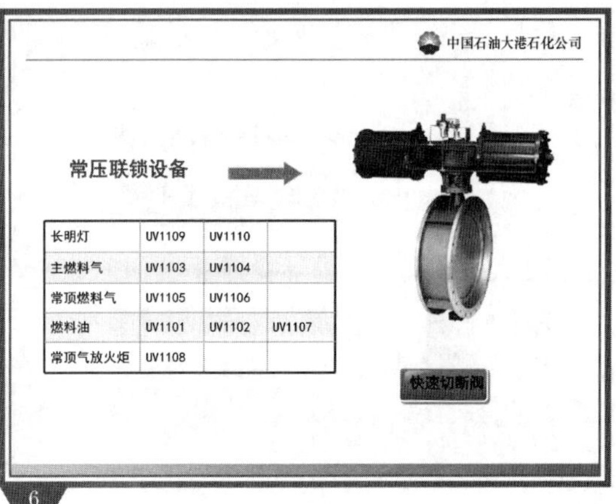

长明灯	UV1109	UV1110	
主燃料气	UV1103	UV1104	
常顶燃料气	UV1105	UV1106	
燃料油	UV1101	UV1102	UV1107
常顶气放火炬	UV1108		

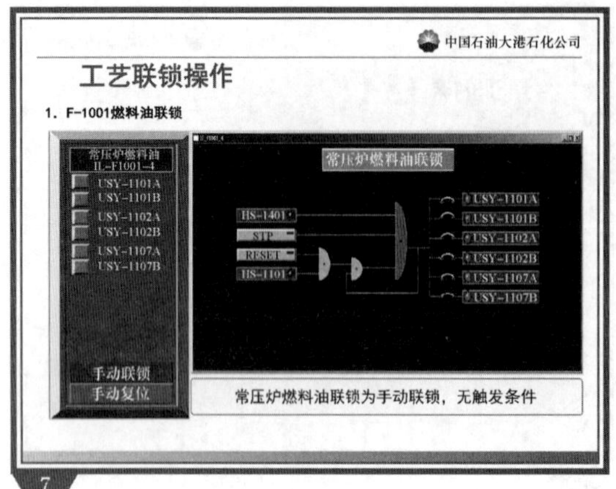

中国石油大港石化公司
工艺联锁操作
1．F-1001燃料油联锁
常压炉燃料油
IL-F1001-4
USY-1101A
USY-1101B
USY-1102A
USY-1102B
USY-1107A
USY-1107B
常压炉燃料油联锁
HS-1401
STP
RESET
HS-1101
USY-1101A
USY-1101B
USY-1102A
USY-1102B
USY-1107A
USY-1107B
手动联锁
手动复位
常压炉燃料油联锁为手动联锁，无触发条件
7

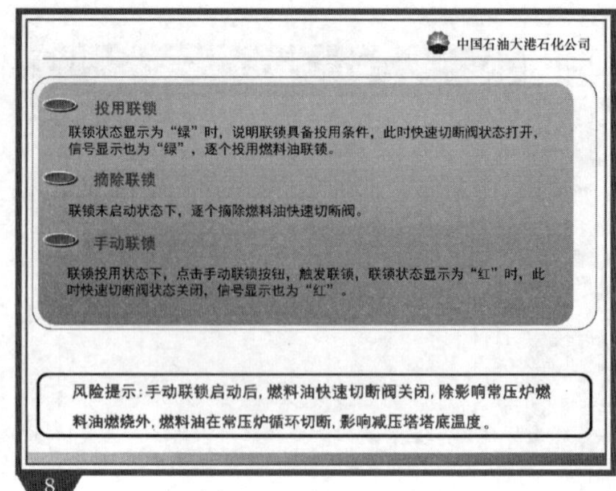

中国石油大港石化公司
投用联锁
联锁状态显示为“绿”时，说明联锁具备投用条件，此时快速切断阀状态打开，信号显示也为“绿”，逐个投用燃料油联锁。
摘除联锁
联锁未启动状态下，逐个摘除燃料油快速切断阀。
手动联锁
联锁投用状态下，点击手动联锁按钮，触发联锁，联锁状态显示为“红”时，此时快速切断阀状态关闭，信号显示也为“红”。
风险提示：手动联锁启动后，燃料油快速切断阀关闭，除影响常压炉燃料油燃烧外，燃料油在常压炉循环切断，影响减压塔塔底温度。
8

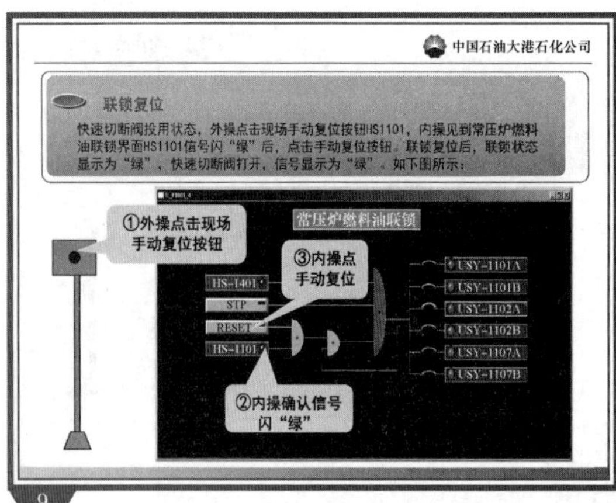

中国石油大港石化公司
联锁复位
快速切断阀投用状态，外操点击现场手动复位按钮HS1101，内操见到常压炉燃料油联锁界面HS1101信号闪“绿”后，点击手动复位按钮。联锁复位后，联锁状态显示为“绿”，快速切断阀打开，信号显示为“绿”，如下图所示：
①外操点击现场手动复位按钮
常压炉燃料油联锁
③内操点手动复位
HS-1401
STP
RESET
HS-1101
USY-1101A
USY-1101B
USY-1102A
USY-1102B
USY-1107A
USY-1107B
②内操确认信号闪“绿”
9

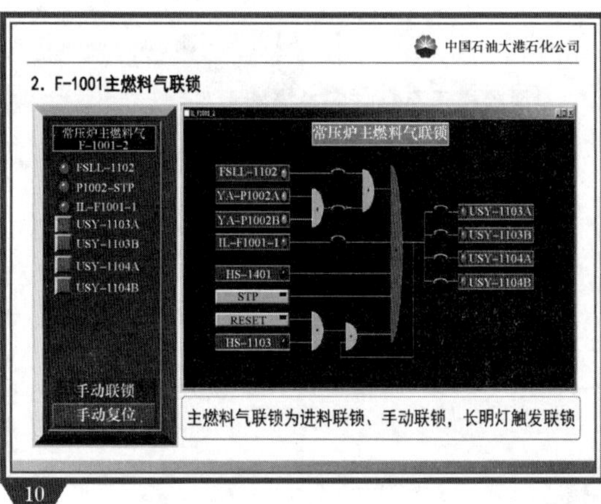

中国石油大港石化公司
2．F-1001主燃料气联锁
常压炉主燃料气
F-1001-2
FSLL-1102
P1002-STP
IL-F1001-1
USY-1103A
USY-1103B
USY-1104A
USY-1104B
常压炉主燃料气联锁
FSLL-1102
YA-P1002A
YA-P1002B
IL-F1001-1
HS-1401
STP
RESET
HS-1103
USY-1103A
USY-1103B
USY-1104A
USY-1104B
手动联锁
手动复位
主燃料气联锁为进料联锁、手动联锁，长明灯触发联锁
10

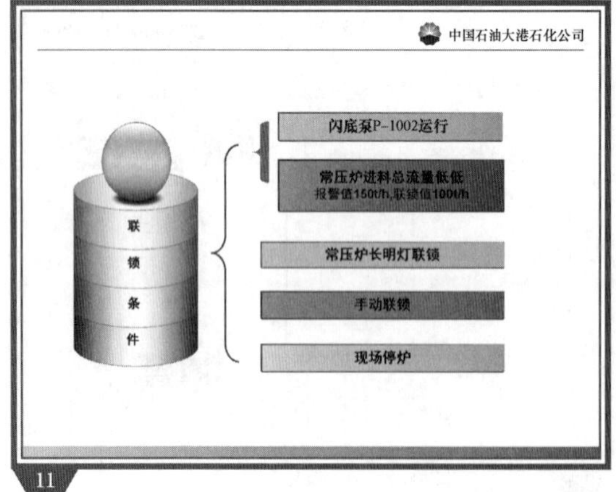

中国石油大港石化公司
联
锁
条
件
闪底泵P-1002运行
常压炉进料总流量低低
报警值150t/h,联锁值100t/h
常压炉长明灯联锁
手动联锁
现场停炉
11

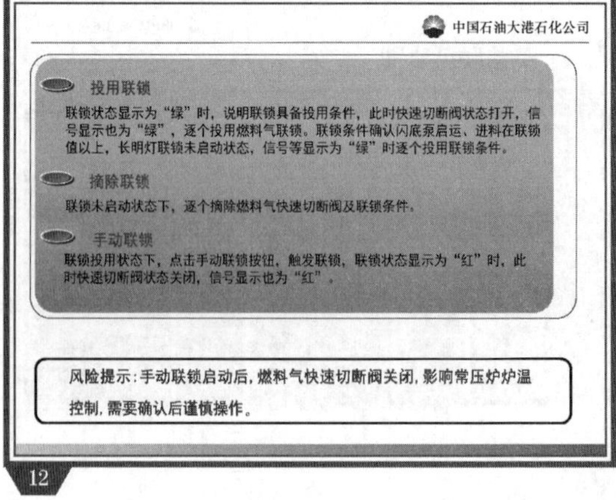

中国石油大港石化公司
投用联锁
联锁状态显示为“绿”时，说明联锁具备投用条件，此时快速切断阀状态打开，信号显示也为“绿”，逐个投用燃料气联锁。联锁条件确认闪底泵启运、进料在联锁值以上，长明灯联锁未启动状态，信号等显示为“绿”时逐个投用联锁条件。
摘除联锁
联锁未启动状态下，逐个摘除燃料气快速切断阀及联锁条件。
手动联锁
联锁投用状态下，点击手动联锁按钮，触发联锁，联锁状态显示为“红”时，此时快速切断阀状态关闭，信号显示也为“红”。
风险提示：手动联锁启动后，燃料气快速切断阀关闭，影响常压炉炉温控制，需要确认后谨慎操作。
12

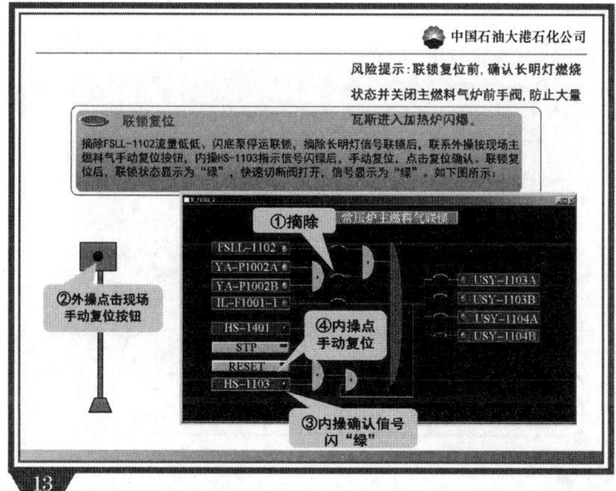

中国石油大港石化公司
风险提示：联锁复位前，确认长明灯燃烧状态并关闭主燃料气炉前手阀，防止大量瓦斯进入加热炉闪爆。
联锁复位
摘除FSLL-1102流量低低、闪底泵停运联锁，摘除长明灯信号联锁后，联系外操按现场主燃料气手动复位按钮，内操HS-1103指示信号闪绿后，手动复位，点击复位确认。联锁复位后，联锁状态显示为“绿”，快速切断阀打开，信号显示为“绿”。如下图所示：
①摘除
FSLL-1102
YA-P1002A
YA-P1002B
IL-F1001-1
HS-1401
STP
RESET
HS-1103
USY-1103A
USY-1103B
USY-1104A
USY-1104B
②外操点击现场手动复位按钮
④内操点手动复位
③内操确认信号闪“绿”
13

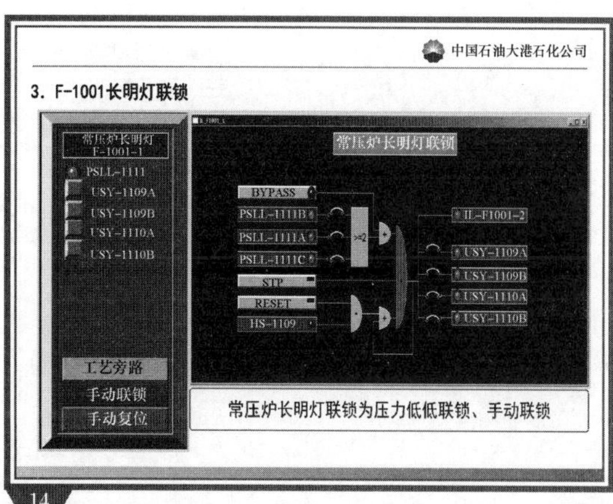

中国石油大港石化公司
3. F-1001长明灯联锁
常压炉长明灯 F-1001-1
PSLL-1111
USY-1109A
USY-1109B
USY-1110A
USY-1110B
工艺旁路
手动联锁
手动复位
常压炉长明灯联锁
BYPASS
PSLL-1111B
PSLL-1111A
PSLL-1111C
STP
RESET
HS-1109
IL-F1001-2
USY-1109A
USY-1109B
USY-1110A
USY-1110B
常压炉长明灯联锁为压力低低联锁、手动联锁
14

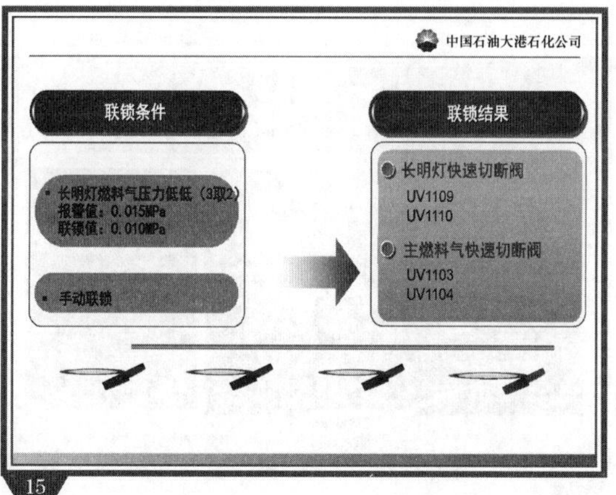

中国石油大港石化公司
联锁条件
长明灯燃料气压力低低（3取2）
报警值：0.015MPa
联锁值：0.010MPa
手动联锁
联锁结果
长明灯快速切断阀
UV1109
UV1110
主燃料气快速切断阀
UV1103
UV1104
15

中国石油大港石化公司
投用联锁
联锁状态显示为“绿”时，说明联锁具备投用条件，此时快速切断阀状态打开，信号显示也为“绿”，逐个投用长明灯燃料气联锁。联锁条件确认长明灯燃料气压力在联锁值以上，信号等显示为“绿”时逐个投用联锁条件。
摘除联锁
联锁未启动状态下，逐个摘除长明灯燃料气快速切断阀。
手动联锁
联锁投用状态下，点击手动联锁按钮，触发联锁，联锁状态显示为“红”时，此时长明灯快速切断阀和主燃料气快速切断阀（确认投用）状态关闭，信号显示也为“红”。
风险提示：手动联锁启动后，主燃料气和长明灯快速切断阀关闭，影响常压炉安全控制，需要确认后谨慎操作。
16

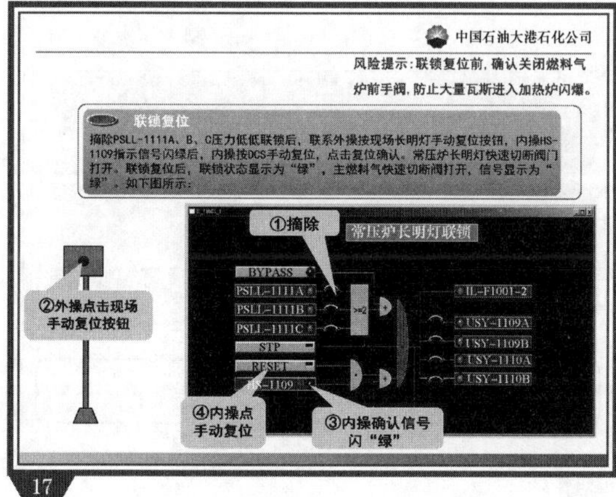

中国石油大港石化公司
风险提示：联锁复位前，确认关闭燃料气炉前手阀，防止大量瓦斯进入加热炉闪爆。
联锁复位
摘除PSLL-1111A、B、C压力低低联锁后，联系外操按现场长明灯手动复位按钮，内操HS-1109指示信号闪绿后，内操按DCS手动复位，点击复位确认。常压炉长明灯快速切断阀门打开。联锁复位后，联锁状态显示为“绿”，主燃料气快速切断阀打开，信号显示为“绿”。如下图所示：
①摘除
常压炉长明灯联锁
BYPASS
PSLL-1111A
PSLL-1111B
PSLL-1111C
STP
RESET
HS-1109
IL-F1001-2
USY-1109A
USY-1109B
USY-1110A
USY-1110B
②外操点击现场手动复位按钮
④内操点手动复位
③内操确认信号闪“绿”
17

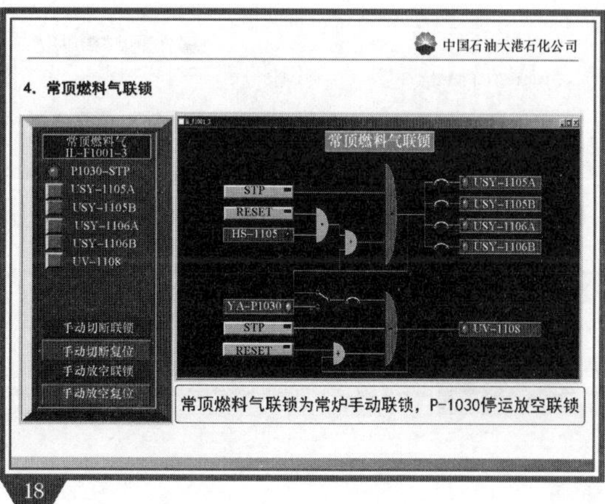

中国石油大港石化公司
4. 常顶燃料气联锁
常顶燃料气 IL-F1001-3
P1030-STP
USY-1105A
USY-1105B
USY-1106A
USY-1106B
UV-1108
手动切断联锁
手动切断复位
手动放空联锁
手动放空复位
常顶燃料气联锁
STP
RESET
HS-1105
USY-1105A
USY-1105B
USY-1106A
USY-1106B
YA-P1030
STP
RESET
UV-1108
常顶燃料气联锁为常炉手动联锁，P-1030停运放空联锁
18

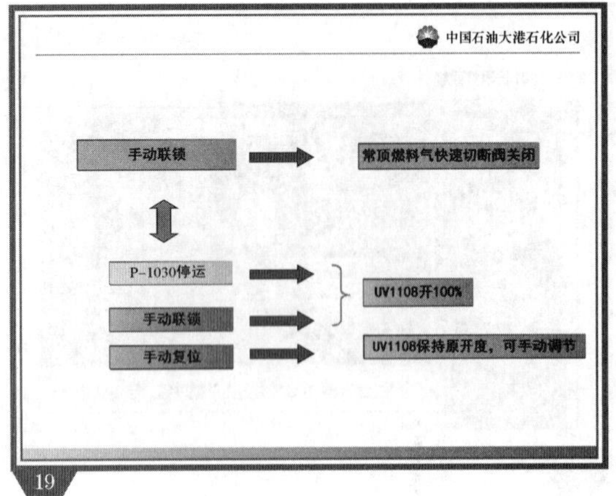
中国石油大港石化公司
手动联锁
常顶燃料气快速切断阀关闭
P-1030停运
手动联锁
手动复位
UV1108开100%
UV1108保持原开度，可手动调节
19

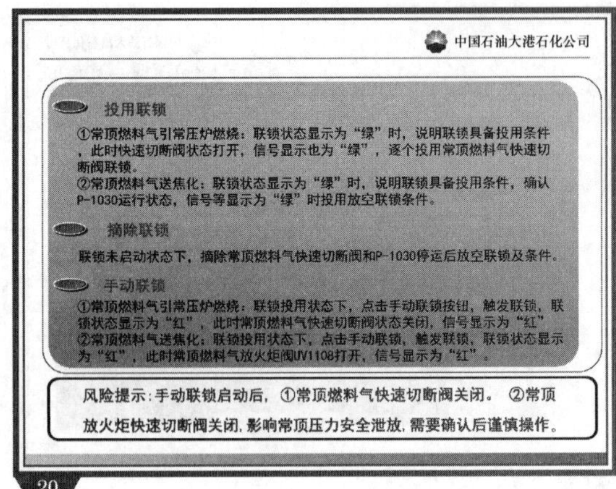
中国石油大港石化公司
投用联锁
①常顶燃料气引常压炉燃烧：联锁状态显示为“绿”时，说明联锁具备投用条件，此时快速切断阀状态打开，信号显示也为“绿”，逐个投用常顶燃料气快速切断阀联锁。
②常顶燃料气送焦化：联锁状态显示为“绿”时，说明联锁具备投用条件，确认P-1030运行状态，信号等显示为“绿”时投用放空联锁条件。
摘除联锁
联锁未启动状态下，摘除常顶燃料气快速切断阀和P-1030停运后放空联锁及条件。
手动联锁
①常顶燃料气引常压炉燃烧：联锁投用状态下，点击手动联锁按钮，触发联锁，联锁状态显示为“红”，此时常顶燃料气快速切断阀状态关闭，信号显示为“红”
②常顶燃料气送焦化：联锁投用状态下，点击手动联锁，触发联锁，联锁状态显示为“红”，此时常顶燃料气放火炬阀UV1108打开，信号显示为“红”。
风险提示：手动联锁启动后，①常顶燃料气快速切断阀关闭。②常顶放火炬快速切断阀关闭，影响常顶压力安全泄放，需要确认后谨慎操作。
20

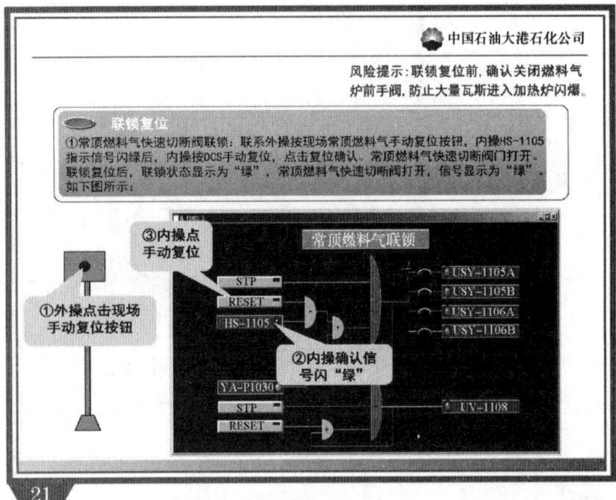
中国石油大港石化公司
风险提示：联锁复位前，确认关闭燃料气炉前手阀，防止大量瓦斯进入加热炉闪爆。
联锁复位
①常顶燃料气快速切断阀联锁：联系外操按现场常顶燃料气手动复位按钮，内操HS-1105指示信号闪绿后，内操按DCS手动复位，点击复位确认。常顶燃料气快速切断阀门打开。联锁复位后，联锁状态显示为“绿”，常顶燃料气快速切断阀打开，信号显示为“绿”。如下图所示：
③内操点手动复位
①外操点击现场手动复位按钮
②内操确认信号闪“绿”
常顶燃料气联锁
STP
RESET
HS-1105
YA-P1030
STP
RESET
USY-1105A
USY-1105B
USY-1106A
USY-1106B
UV-1108
21

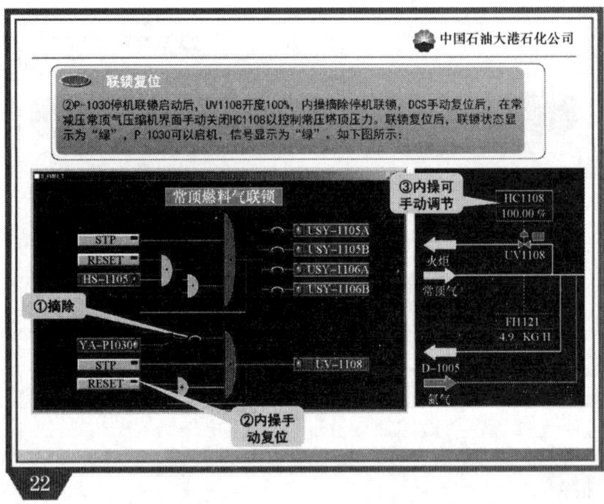
中国石油大港石化公司
联锁复位
②P-1030停机联锁启动后，UV1108开度100%，内操摘除停机联锁，DCS手动复位后，在常减压常顶气压缩机界面手动关闭HC1108以控制常压塔顶压力。联锁复位后，联锁状态显示为“绿”，P-1030可以启机，信号显示为“绿”。如下图所示：
常顶燃料气联锁
③内操可手动调节
HC1108
100.00 %
UV1108
火炬
常顶气
FI1121
D-1005
氮气
STP
RESET
HS-1105
①摘除
YA-P1030
STP
RESET
②内操手动复位
USY-1105A
USY-1105B
USY-1106A
USY-1106B
UV-1108
22

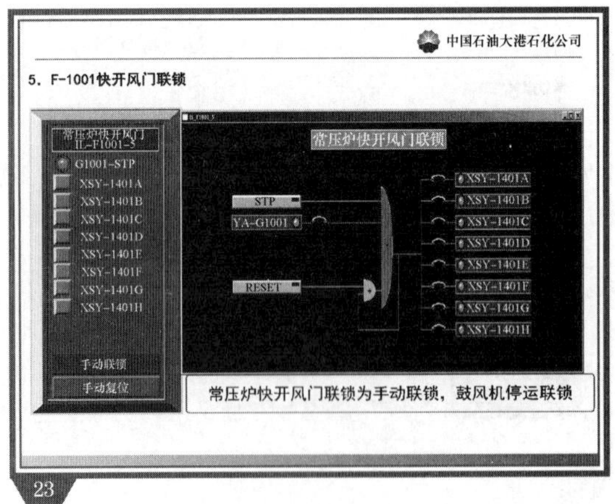
中国石油大港石化公司
5. F-1001快开风门联锁
常压炉快开风门
G1001-STP
XSY-1401A
XSY-1401B
XSY-1401C
XSY-1401D
XSY-1401E
XSY-1401F
XSY-1401G
XSY-1401H
手动联锁
手动复位
常压炉快开风门联锁
STP
YA-G1001
RESET
常压炉快开风门联锁为手动联锁，鼓风机停运联锁
23

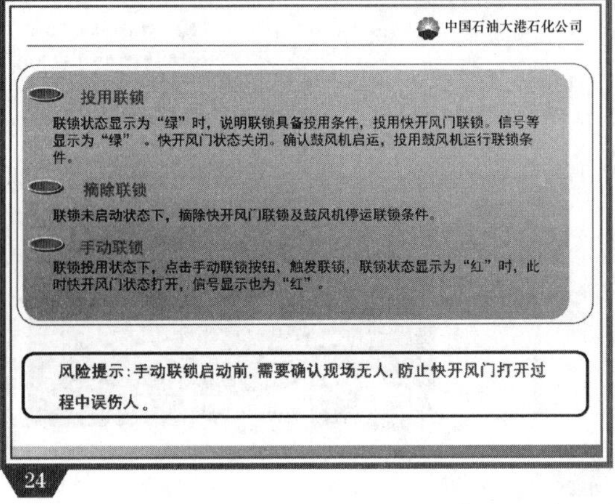
中国石油大港石化公司
投用联锁
联锁状态显示为“绿”时，说明联锁具备投用条件，投用快开风门联锁。信号等显示为“绿”。快开风门状态关闭。确认鼓风机启运，投用鼓风机运行联锁条件。
摘除联锁
联锁未启动状态下，摘除快开风门联锁及鼓风机停运联锁条件。
手动联锁
联锁投用状态下，点击手动联锁按钮、触发联锁，联锁状态显示为“红”时，此时快开风门状态打开，信号显示也为“红”。
风险提示：手动联锁启动前，需要确认现场无人，防止快开风门打开过程中误伤人。
24

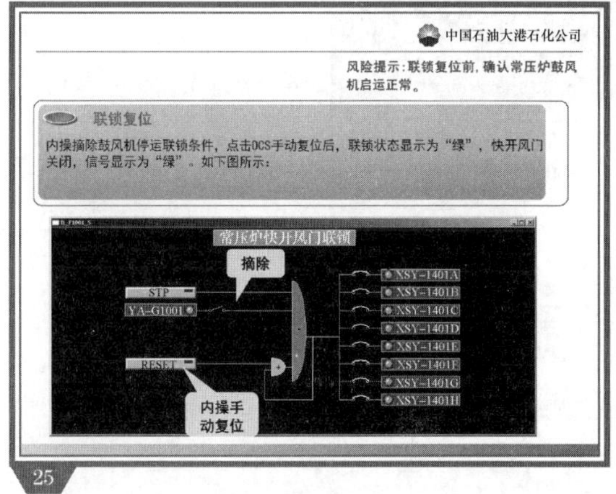
中国石油大港石化公司
风险提示：联锁复位前，确认常压炉鼓风机启运正常。
联锁复位
内操摘除鼓风机停运联锁条件，点击DCS手动复位后，联锁状态显示为“绿”，快开风门关闭，信号显示为“绿”。如下图所示：
常压炉快开风门联锁
摘除
STP
YA-G1001
RESET
内操手动复位
XSY-1401A
XSY-1401B
XSY-1401C
XSY-1401D
XSY-1401E
XSY-1401F
XSY-1401G
XSY-1401H
25

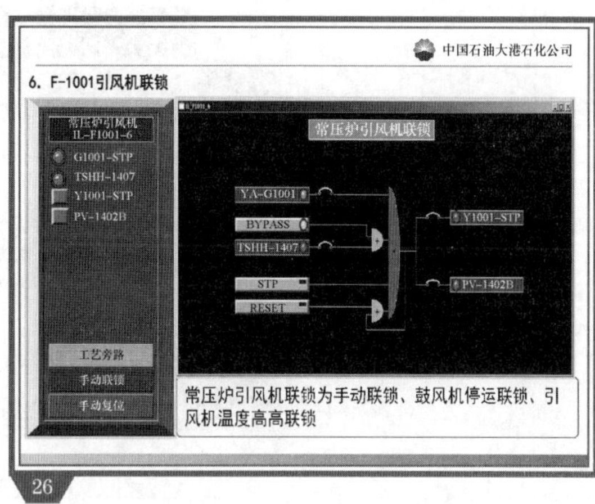
中国石油大港石化公司
6. F-1001引风机联锁
常压炉引风机 IL-F1001-6
G1001-STP
TSHH-1407
Y1001-STP
PV-1402B
工艺旁路
手动联锁
手动复位
常压炉引风机联锁
YA-G1001
BYPASS
TSHH-1407
STP
RESET
Y1001-STP
PV-1402B
常压炉引风机联锁为手动联锁、鼓风机停运联锁、引风机温度高高联锁
26

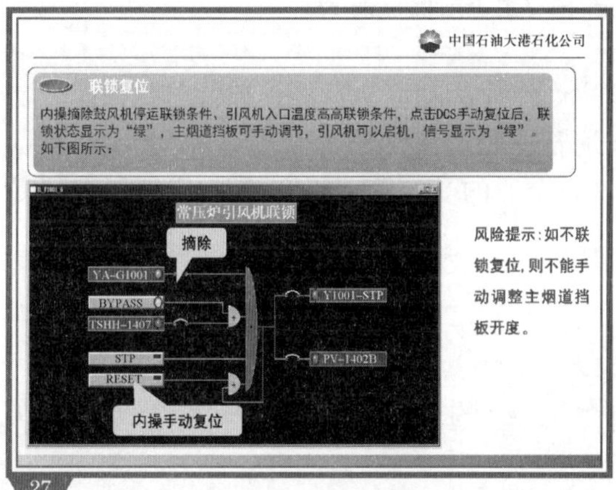
中国石油大港石化公司
联锁复位
内操摘除鼓风机停运联锁条件、引风机入口温度高高联锁条件，点击DCS手动复位后，联锁状态显示为“绿”，主烟道挡板可手动调节，引风机可以启机，信号显示为“绿”。如下图所示：
常压炉引风机联锁
摘除
YA-G1001
BYPASS
TSHH-1407
STP
RESET
内操手动复位
Y1001-STP
PV-1402B
风险提示：如不联锁复位，则不能手动调整主烟道挡板开度。
27

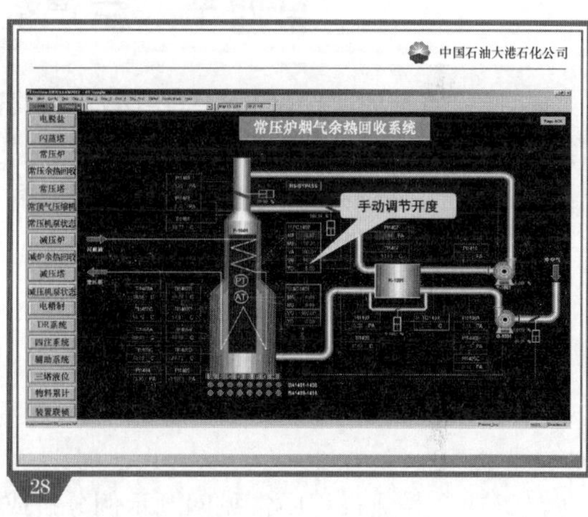
中国石油大港石化公司
常压炉烟气余热回收系统
手动调节开度
28

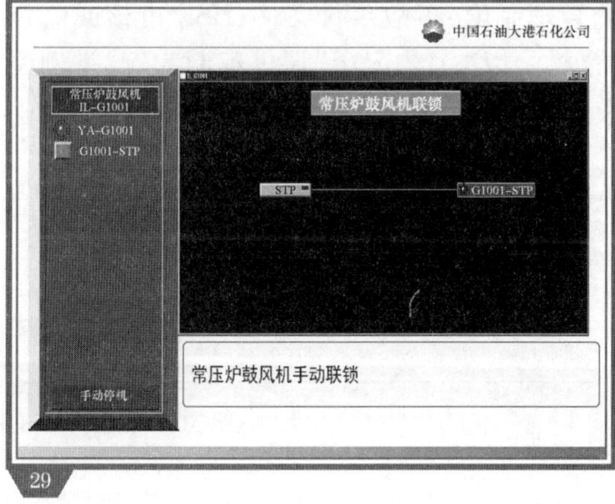
中国石油大港石化公司
常压炉鼓风机 IL-G1001
YA-G1001
G1001-STP
手动停机
常压炉鼓风机联锁
STP
G1001-STP
常压炉鼓风机手动联锁
29

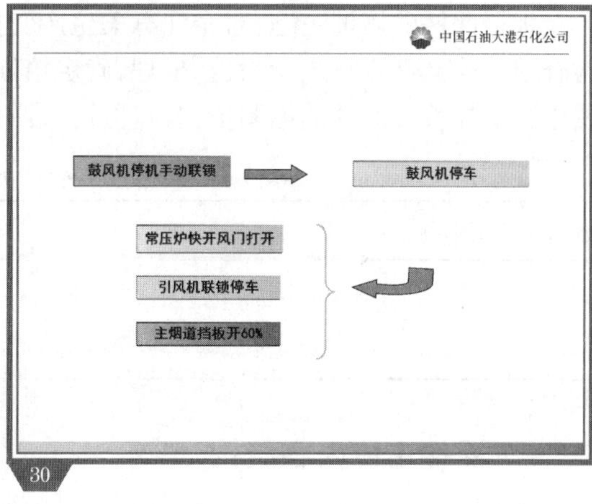
中国石油大港石化公司
鼓风机停机手动联锁
鼓风机停车
常压炉快开风门打开
引风机联锁停车
主烟道挡板开60%
30

第四节 生产受控管理课件编制

生产受控管理课件是针对基层岗位员工日常生产作业活动应执行的受控管理要求而需要培训的内容。本类培训课件立足于员工岗位的属地管理职责，介绍了受控管理总体流程，重点培训与员工岗位相关的受控管理内容，帮助员工理解企业的受控管理制度，掌握岗位履责的受控管理要求和安全环保技能，形成良好的安全行为规范。

一、培训课件编制依据

生产受控管理课件编制的主要依据包括但不限于：

(1)企业有关生产受控的管理制度，使员工了解企业对生产受控的管理要求，掌握岗位属地管理职责。

(2)生产作业过程中常见问题示例分析或典型事故事件案例展示。

(3)HSE 审核或监督检查的报告。

根据课件的培训主题，对企业有关生产受控的管理制度、事故事件案例、HSE 审核或监督检查报告等文件资料进行筛选、梳理，确定培训的素材。以“工艺记录”课件编制为例，举例说明生产受控管理课件的编制依据梳理过程，详见表 3－6。

表 3－6 生产受控管理类课件编制依据清单(示例)

序号	课件名称	规章制度	典型案例	HSE 审核/监督报告
1	工艺记录	大港石化公司《工艺记录理规定》	—	××年××月××企业 QHSE 监督报告××页
……				

二、课件主体内容结构

生产受控管理课件的编制应符合总体框架要求，如图 3－13 所示，其中第四部分主体内容包括但不限于：

(1)受控管理项目涉及的基本定义和术语。

(2)对于流程性的受控管理制度进行概况性总述，让员工对管理流程有全局性认识。

(3)岗位员工应执行的受控管理要求。

(4)岗位员工需掌握的属地管理技能。

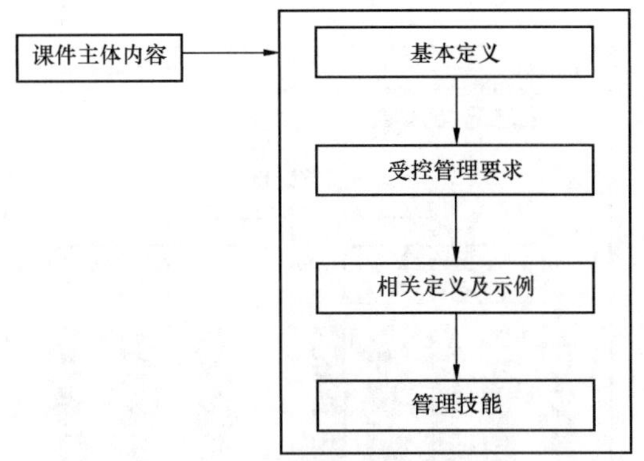

图3-13　生产受控管理课件框架图

三、课件主体内容编制

围绕生产受控管理流程，生产受控管理课件的主体内容应侧重于基层岗位员工需要执行的受控管理要求，以及相应的作业或监督管理技能。课件主体内容应分为四个部分：

(1)基本概念。

(2)基本要求。

(3)相关定义。

(4)操作技能。

现以“工艺记录”课件为例，对生产受控管理课件主体内容的编制要求作示范说明，如图3-14所示。

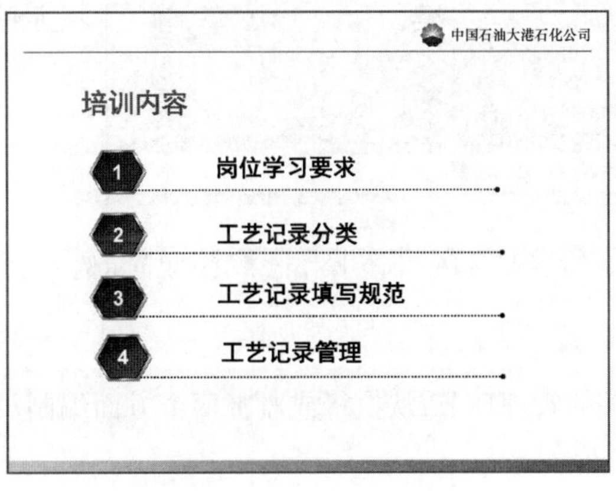

图3-14　主要内容示例

1. 工艺记录的分类

明确工艺记录分为两大类,包括岗位操作记录和交接班日记。编写时应围绕岗位员工日常开展或接触的生产作业活动,示范说明哪些记录是工艺记录的管理范畴,如图 3 – 15 所示。

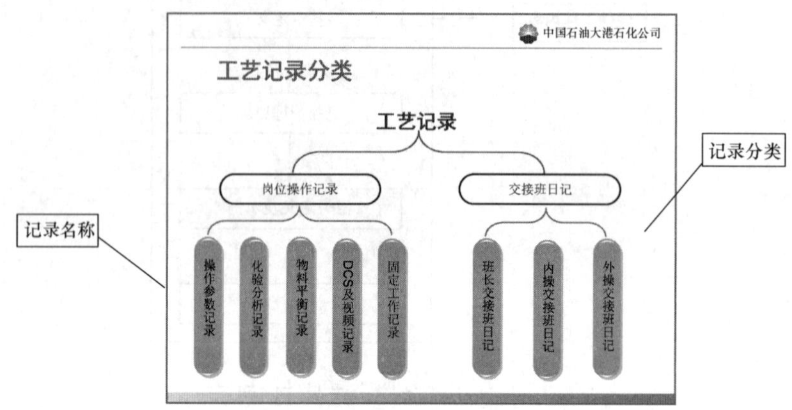

图 3 – 15　工艺记录分类示例

2. 工艺记录填写规范

以图片和文字的形式对公司工艺记录填写要求进行描述,简要说明岗位操作记录的填写规范,如图 3 – 16 所示。

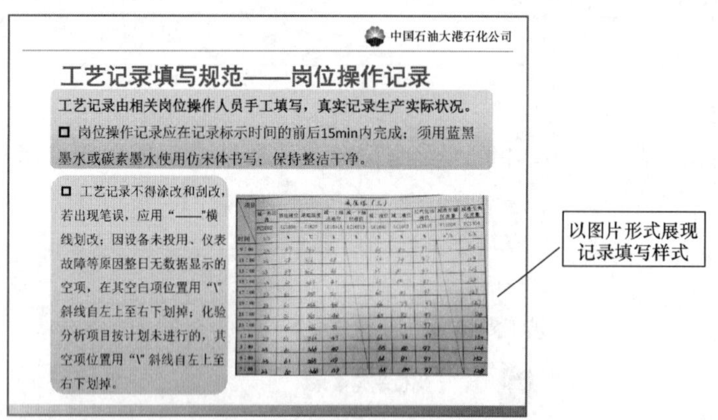

图 3 – 16　岗位操作记录填写规范示例

3. 工艺记录管理

对于与员工直接相关的管理环节,从执行或监督两个方面编制员工需要了解的管理要求和考核依据,如图 3 – 17 所示。

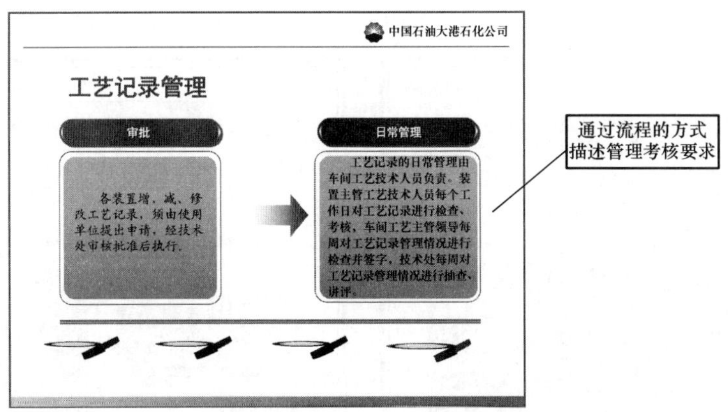

图3－17　工艺记录管理示例

4. 课件编制实例

下面以“工艺记录填写”为例，展示其课件。

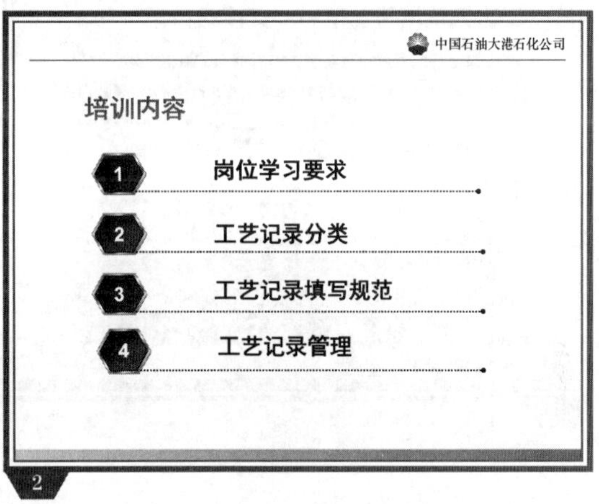

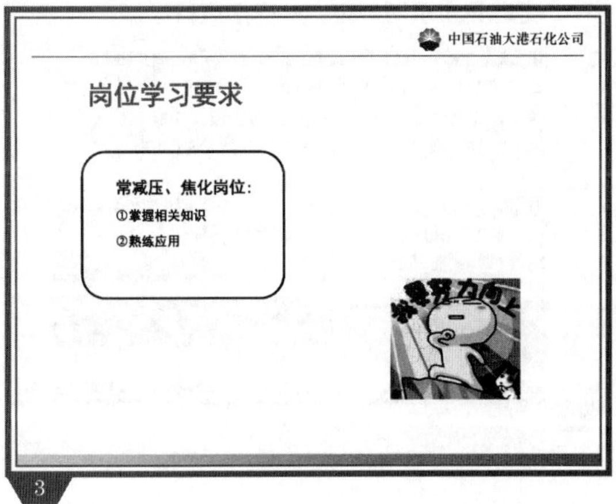

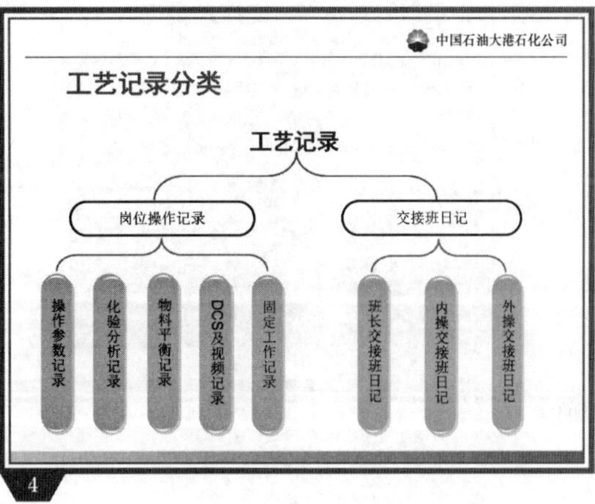

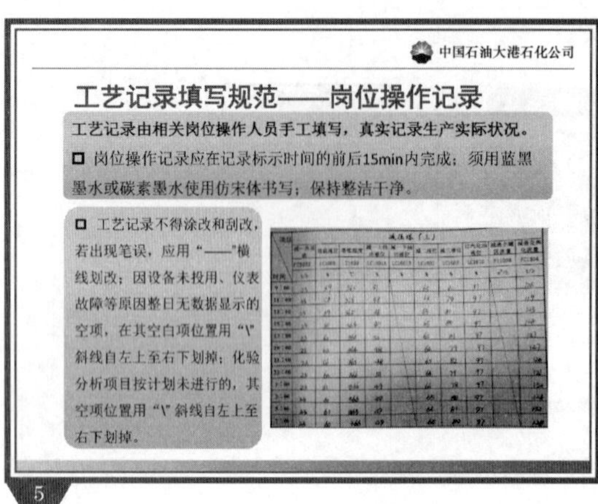
中国石油大港石化公司
工艺记录填写规范——岗位操作记录
工艺记录由相关岗位操作人员手工填写，真实记录生产实际状况。
□ 岗位操作记录应在记录标示时间的前后15min内完成；须用蓝黑墨水或碳素墨水使用仿宋体书写；保持整洁干净。
□ 工艺记录不得涂改和刮改，若出现笔误，应用“——”横线划改；因设备未投用、仪表故障等原因整日无数据显示的空项，在其空白项位置用“\”斜线自左上至右下划掉；化验分析项目按计划未进行的，其空项位置用“\”斜线自左上至右下划掉。
5

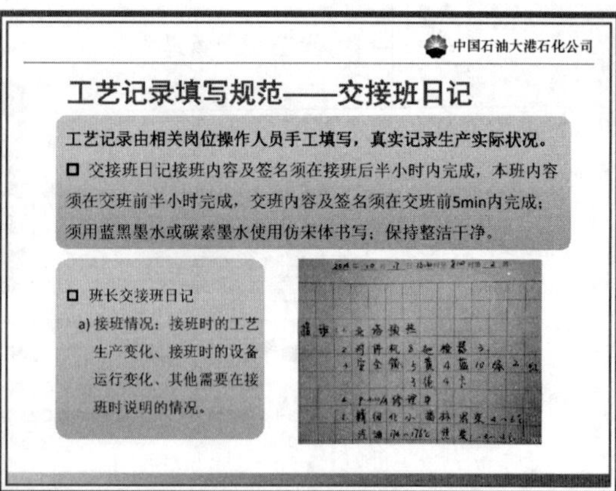
中国石油大港石化公司
工艺记录填写规范——交接班日记
工艺记录由相关岗位操作人员手工填写，真实记录生产实际状况。
□ 交接班日记接班内容及签名须在接班后半小时内完成，本班内容须在交班前半小时完成，交班内容及签名须在交班前5min内完成；须用蓝黑墨水或碳素墨水使用仿宋体书写；保持整洁干净。
□ 班长交接班日记
a) 接班情况：接班时的工艺生产变化、接班时的设备运行变化、其他需要在接班时说明的情况。
6

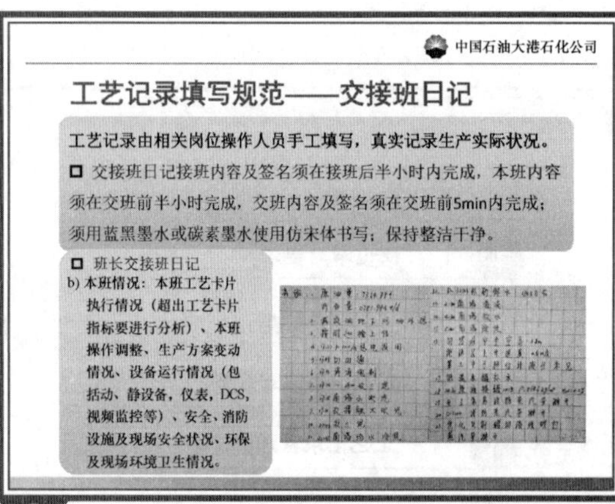
中国石油大港石化公司
工艺记录填写规范——交接班日记
工艺记录由相关岗位操作人员手工填写，真实记录生产实际状况。
□ 交接班日记接班内容及签名须在接班后半小时内完成，本班内容须在交班前半小时完成，交班内容及签名须在交班前5min内完成；须用蓝黑墨水或碳素墨水使用仿宋体书写；保持整洁干净。
□ 班长交接班日记
b) 本班情况：本班工艺卡片执行情况（超出工艺卡片指标要进行分析）、本班操作调整、生产方案变动情况、设备运行情况（包括动、静设备，仪表，DCS，视频监控等）、安全、消防设施及现场安全状况、环保及现场环境卫生情况。
7

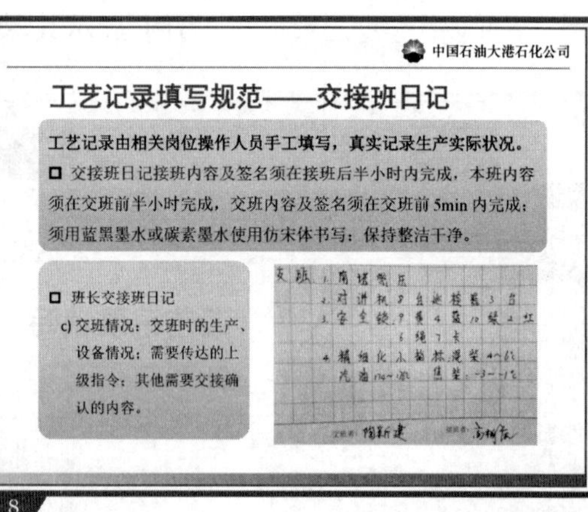
中国石油大港石化公司
工艺记录填写规范——交接班日记
工艺记录由相关岗位操作人员手工填写，真实记录生产实际状况。
□ 交接班日记接班内容及签名须在接班后半小时内完成，本班内容须在交班前半小时完成，交班内容及签名须在交班前 5min 内完成；须用蓝黑墨水或碳素墨水使用仿宋体书写；保持整洁干净。
□ 班长交接班日记
c) 交班情况：交班时的生产、设备情况；需要传达的上级指令；其他需要交接确认的内容。
8

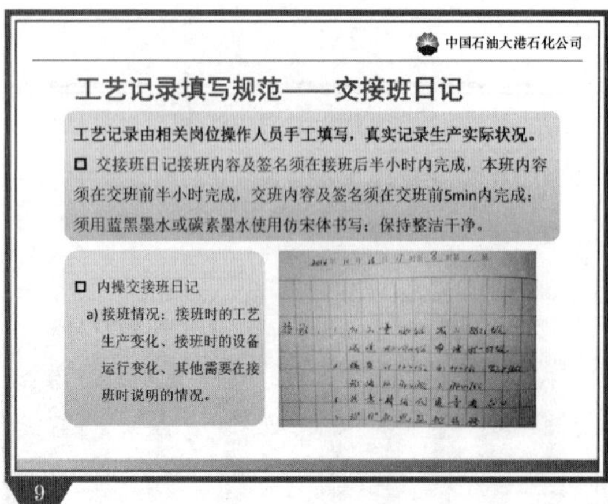
中国石油大港石化公司
工艺记录填写规范——交接班日记
工艺记录由相关岗位操作人员手工填写，真实记录生产实际状况。
□ 交接班日记接班内容及签名须在接班后半小时内完成，本班内容须在交班前半小时完成，交班内容及签名须在交班前5min内完成；须用蓝黑墨水或碳素墨水使用仿宋体书写；保持整洁干净。
□ 内操交接班日记
a) 接班情况：接班时的工艺生产变化、接班时的设备运行变化、其他需要在接班时说明的情况。
9

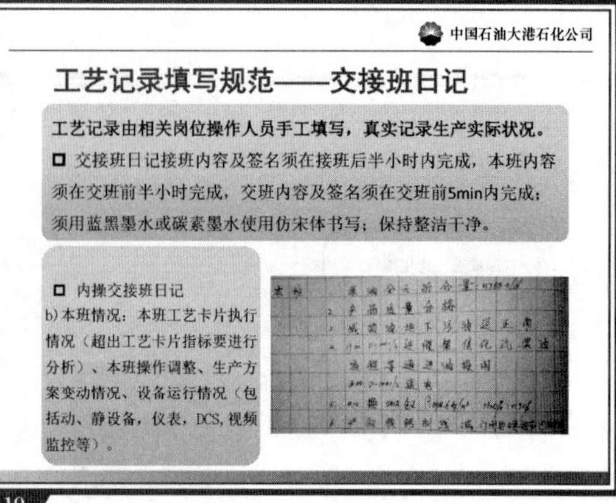
中国石油大港石化公司
工艺记录填写规范——交接班日记
工艺记录由相关岗位操作人员手工填写，真实记录生产实际状况。
□ 交接班日记接班内容及签名须在接班后半小时内完成，本班内容须在交班前半小时完成，交班内容及签名须在交班前5min内完成；须用蓝黑墨水或碳素墨水使用仿宋体书写；保持整洁干净。
□ 内操交接班日记
b) 本班情况：本班工艺卡片执行情况（超出工艺卡片指标要进行分析）、本班操作调整、生产方案变动情况、设备运行情况（包括动、静设备，仪表，DCS，视频监控等）。
10

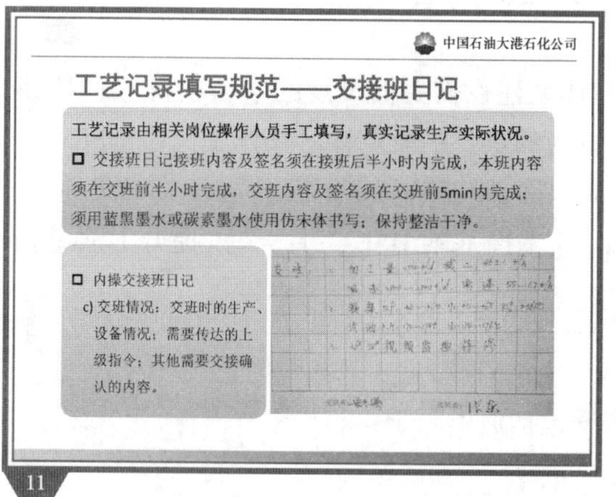
中国石油大港石化公司
工艺记录填写规范——交接班日记
工艺记录由相关岗位操作人员手工填写，真实记录生产实际状况。
交接班日记接班内容及签名须在接班后半小时内完成，本班内容须在交班前半小时完成，交班内容及签名须在交班前5min内完成；须用蓝黑墨水或碳素墨水使用仿宋体书写；保持整洁干净。
内操交接班日记
c) 交班情况：交班时的生产、设备情况；需要传达的上级指令；其他需要交接确认的内容。
11

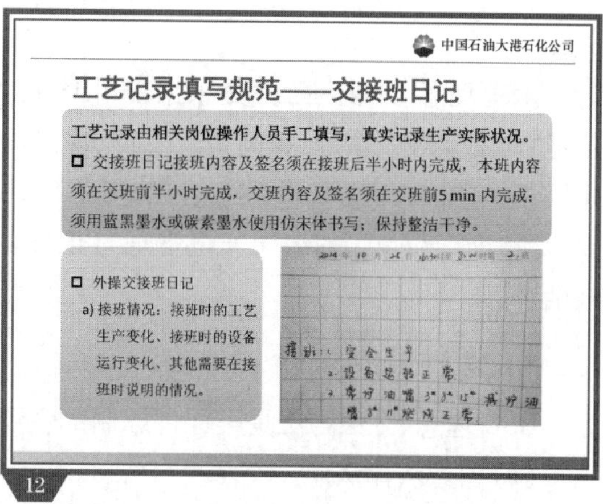
中国石油大港石化公司
工艺记录填写规范——交接班日记
工艺记录由相关岗位操作人员手工填写，真实记录生产实际状况。
交接班日记接班内容及签名须在接班后半小时内完成，本班内容须在交班前半小时完成，交班内容及签名须在交班前5 min 内完成；须用蓝黑墨水或碳素墨水使用仿宋体书写；保持整洁干净。
外操交接班日记
a) 接班情况：接班时的工艺生产变化、接班时的设备运行变化、其他需要在接班时说明的情况。
12

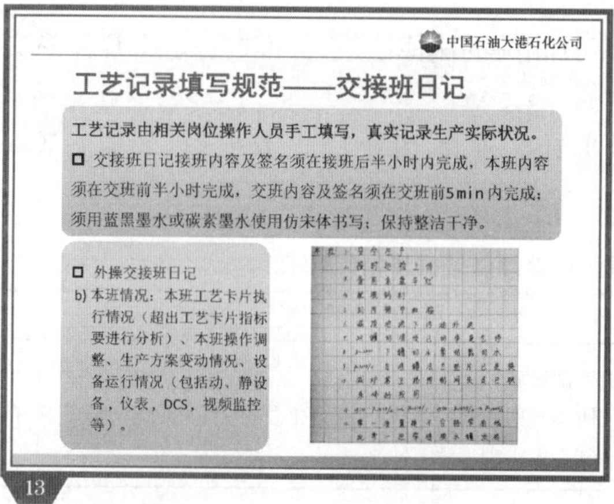
中国石油大港石化公司
工艺记录填写规范——交接班日记
工艺记录由相关岗位操作人员手工填写，真实记录生产实际状况。
交接班日记接班内容及签名须在接班后半小时内完成，本班内容须在交班前半小时完成，交班内容及签名须在交班前5 min 内完成；须用蓝黑墨水或碳素墨水使用仿宋体书写；保持整洁干净。
外操交接班日记
b) 本班情况：本班工艺卡片执行情况（超出工艺卡片指标要进行分析）、本班操作调整、生产方案变动情况、设备运行情况（包括动、静设备，仪表，DCS，视频监控等）。
13

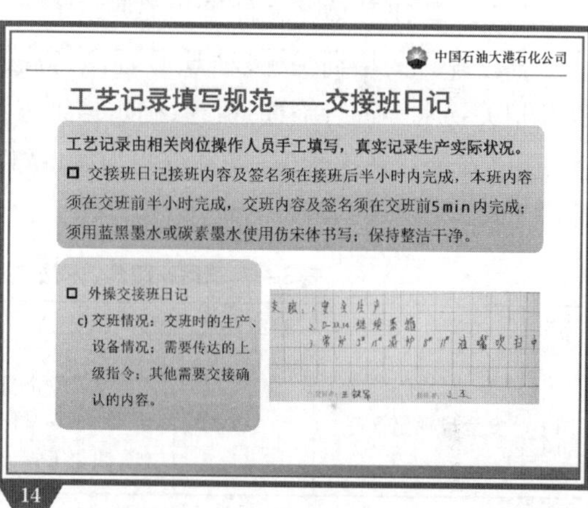
中国石油大港石化公司
工艺记录填写规范——交接班日记
工艺记录由相关岗位操作人员手工填写，真实记录生产实际状况。
交接班日记接班内容及签名须在接班后半小时内完成，本班内容须在交班前半小时完成，交班内容及签名须在交班前5 min 内完成；须用蓝黑墨水或碳素墨水使用仿宋体书写；保持整洁干净。
外操交接班日记
c) 交班情况：交班时的生产、设备情况；需要传达的上级指令；其他需要交接确认的内容。
14

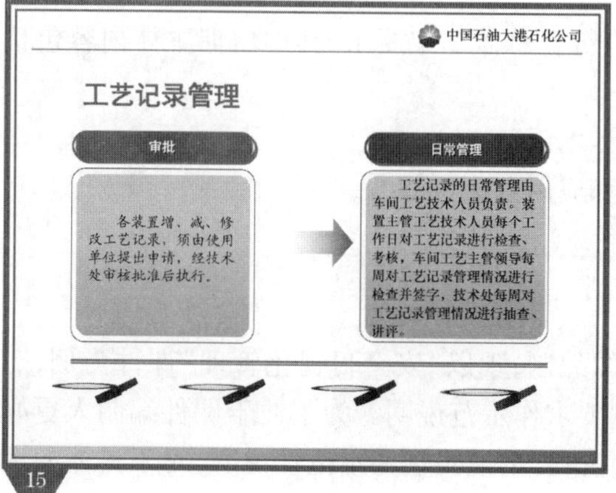
中国石油大港石化公司
工艺记录管理
审批
各装置增、减、修改工艺记录，须由使用单位提出申请，经技术处审核批准后执行。
日常管理
工艺记录的日常管理由车间工艺技术人员负责。装置主管工艺技术人员每个工作日对工艺记录进行检查、考核，车间工艺主管领导每周对工艺记录管理情况进行检查并签字，技术处每周对工艺记录管理情况进行抽查、讲评。
15

谢谢！
16

第五节　HSE 理念、方法与工具课件编制

HSE 理念、方法与工具是根据公司 HSE 管理体系建设需要而设定的培训项目，是识别岗位危害、落实控制措施、提高员工意识、规范员工行为的重要手段。针对操作工岗位 HSE 培训矩阵相关内容，开发 HSE 理念、方法与工具类培训课件，能够使员工了解公司相关 HSE 愿景、要求，帮助岗位员工对公司安全管理有正确认知，并掌握基本 HSE 工具方法、提升 HSE 基本技能。

一、课件编制依据

HSE 理念、方法与工具类课件编制的主要依据包括但不限于：

(1)国家法律法规。

(2)国家及行业标准。

(3)公司 HSE 体系文件等相关要求。

根据课件的培训主题，对 HSE 理念、方法与工具相关的法律法规、标准、公司 HSE 体系文件及相关要求等进行筛选、梳理，确定培训素材。

以“安全目视化管理”课件编制为例，举例说明 HSE 理念、方法与工具类课件的编制依据梳理过程，见表 3－7。

表 3－7　HSE 理念、方法与工具类课件编制依据清单(示例)

序号	课件名称	法律法规	标准	规章制度
1	安全目视化管理		《安全目视化管理导则》 《安全标志及使用导则》 《石油化工管道安全标志色管理规范》	大港石化公司《目视化管理规定》

二、课件主体内容结构

HSE 理念、方法与工具培训类课件的编制应符合总体框架要求，其中培训主体内容包括但不限于：

(1)HSE 管理理念、方法与工具的主要定义和术语。

(2)HSE 管理理念、方法与工具的基本理念和应用方法。

(3)HSE 管理理念、方法与工具的管理要求等。

三、课件主体内容编制

为了规范 HSE 理念、方法与工具相关课件的编制，现以“安全目视化管理”课件为例，对 HSE 理念、方法与工具类课件的主体内容的编制要求作示范说明。为了便于课件编制人更好地理解、把握编写架构和内容，掌握编写方式和技巧，本说明仅为示范性说明，对于具体的课件，编写人可在此基础上，依据所编课件的具体内容和特点做适当的更改和完善。

在编制 HSE 理念、方法与工具类课件的主体内容时，应先对培训主体的结构作整体介绍，

主要包括三个部分：

(1)定义及术语。

(2)基本理念和方法。

(3)管理要求。

下面以“安全目视化管理”课件为例进行说明，如图 3－18 所示。

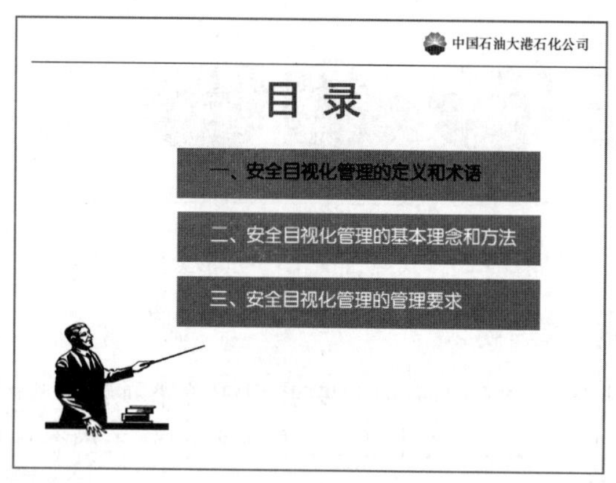

图 3－18　主要内容示例

1. 安全目视化管理的定义及术语

让员工了解安全目视化的具体定义和含义，了解课件中所涉及的定制管理等术语所代表的意义，便于员工在培训之初对相关概念有初步了解，更好地在后续培训中对课件内容进行理解和掌握，如图 3－19 所示。

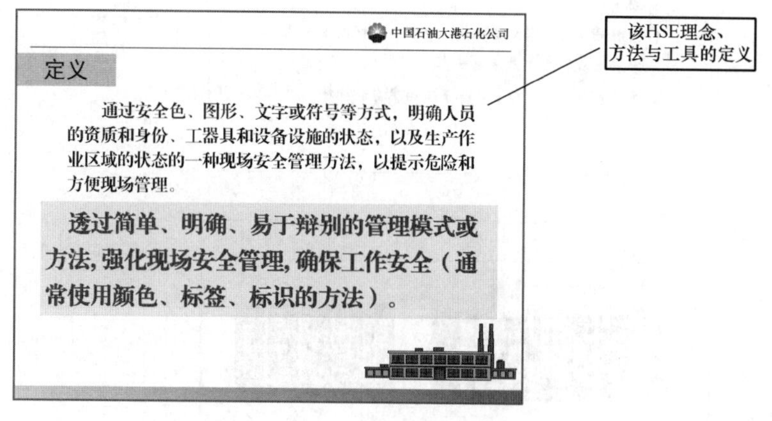

图 3－19　安全目视化的定义

2. 安全目视化管理的基本理念和方法

本部分主要让员工了解安全目视化管理的基本理念、起到的作用，以及在工作中如何应用等内容，如图 3－20 所示。

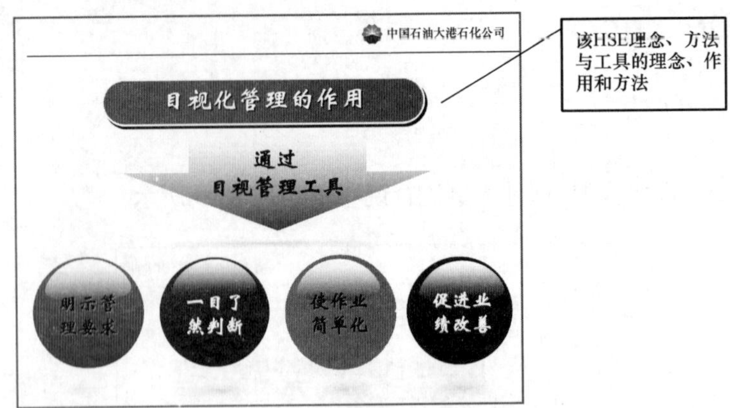

图 3－20　安全目视化管理的理念及方法

3. 安全目视化管理的管理要求

示例课件将安全目视化管理在实施中的要求和注意事项加以提炼和总结，提示员工在实施过程中的重点和难点，并在后续课件中通过实例照片对相关内容加以说明，便于员工更好地理解和掌握，如图 3－21 所示。

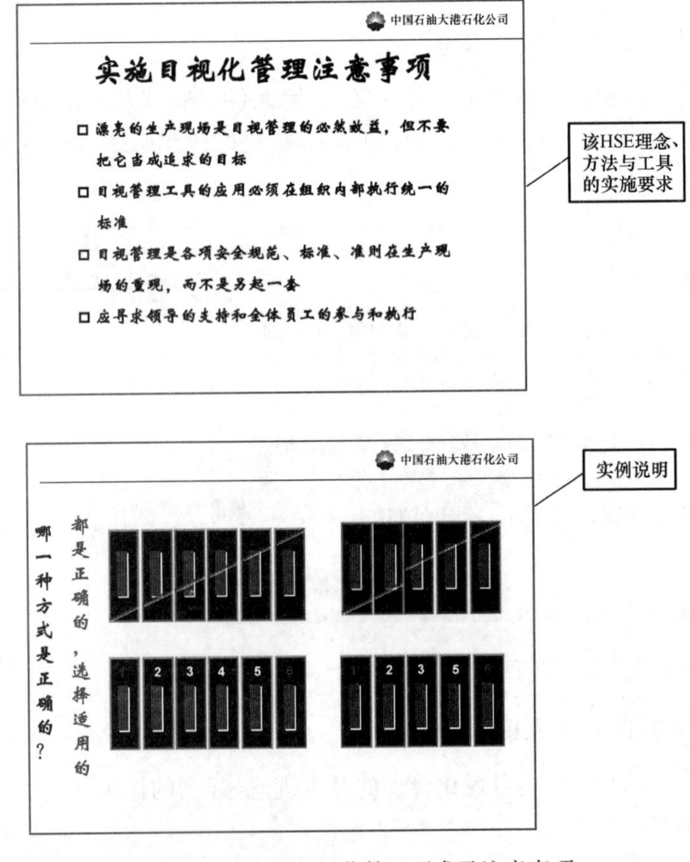

图 3－21　安全目视化管理要求及注意事项

四、课件编制实例

下面以“安全目视化管理”为例，展示其课件。

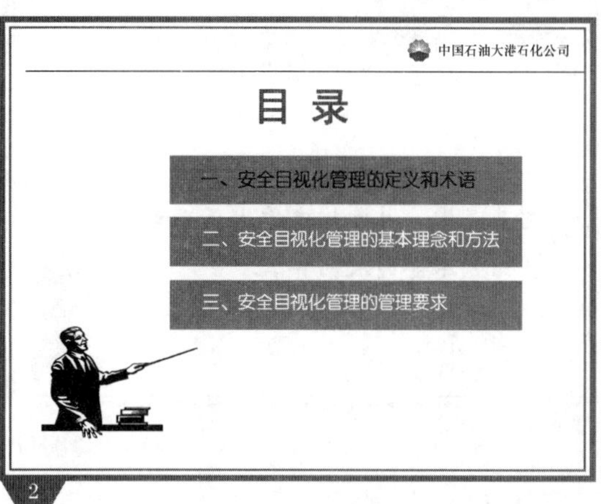

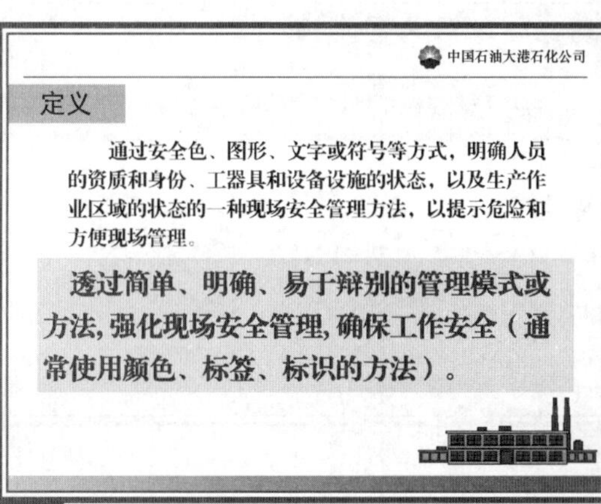

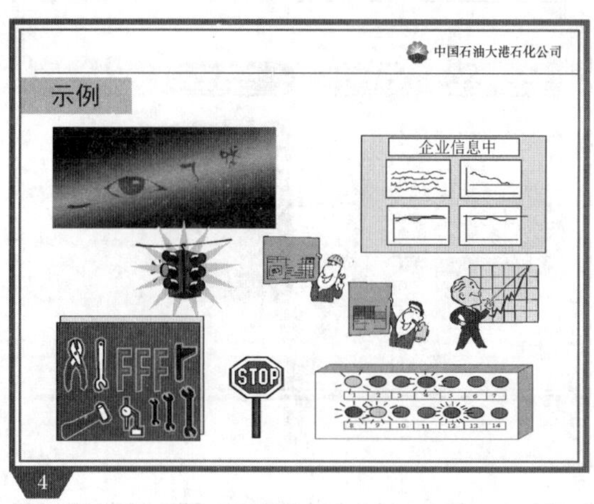

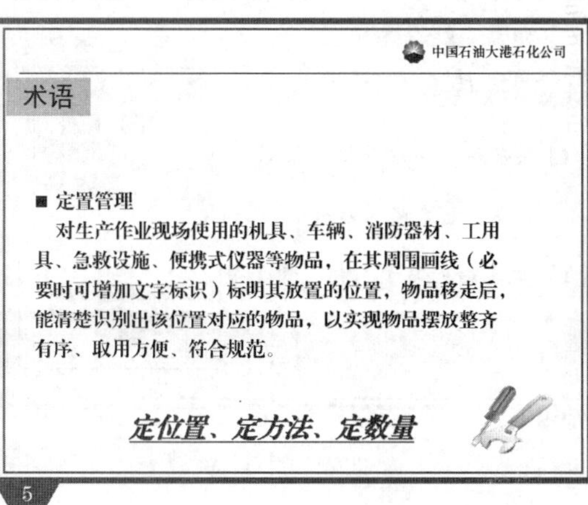

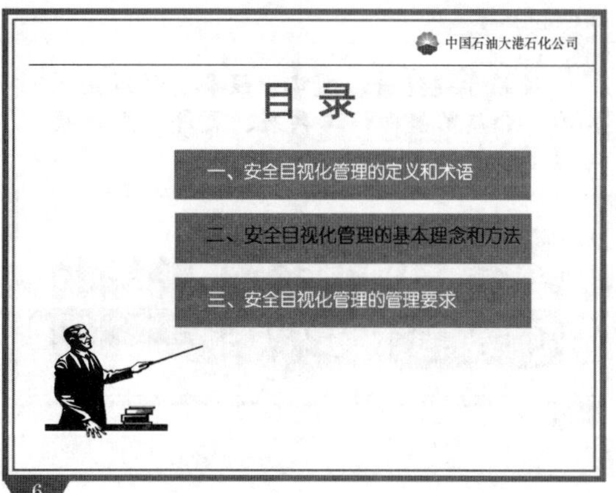

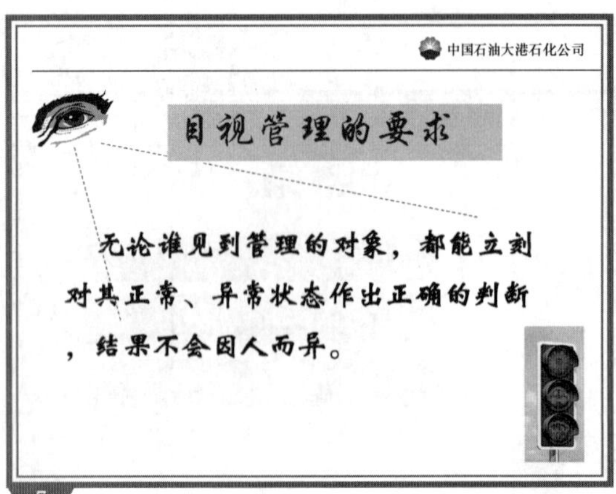

中国石油大港石化公司
目视管理的要求
无论谁见到管理的对象，都能立刻对其正常、异常状态作出正确的判断，结果不会因人而异。
7

中国石油大港石化公司
目视化管理的作用
通过
目视管理工具
明示管理要求
一目了然判断
使作业简单化
促进业绩改善
8

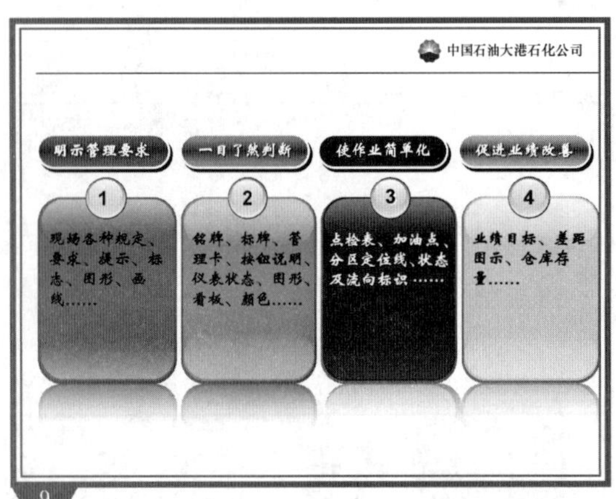

中国石油大港石化公司
明示管理要求
一目了然判断
使作业简单化
促进业绩改善
1
现场各种规定、要求、提示、标志、图形、画线……
2
铭牌、标牌、管理卡、按钮说明、仪表状态、图形、看板、颜色……
3
点检表、加油点、分区定位线、状态及流向标识……
4
业绩目标、差距图示、仓库存量……
9

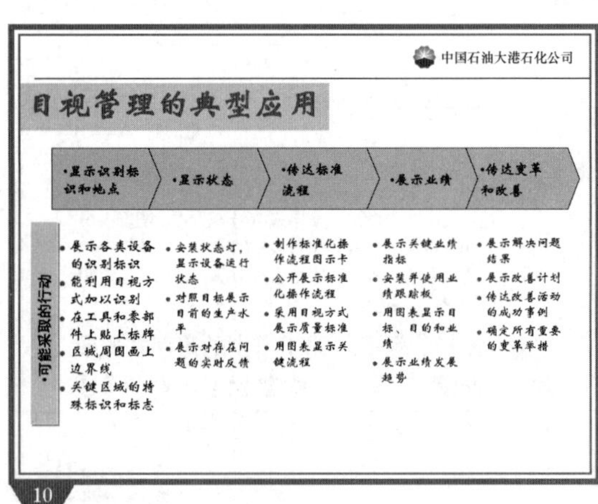

中国石油大港石化公司
目视管理的典型应用
•显示识别标识和地点
•显示状态
•传达标准流程
•展示业绩
•传达变革和改善
•可能采取的行动
• 展示各类设备的识别标识
• 能利用目视方式加以识别
• 在工具和零部件上贴上标牌
• 区域周围画上边界线
• 关键区域的特殊标识和标志
• 安装状态灯，显示设备运行状态
• 对照目标展示目前的生产水平
• 展示对存在问题的实时反馈
• 制作标准化操作流程图示卡
• 公开展示标准化操作流程
• 采用目视方式展示质量标准
• 用图表显示关键流程
• 展示关键业绩指标
• 安装并使用业绩跟踪板
• 用图表显示目标、目的和业绩
• 展示业绩发展趋势
• 展示解决问题结果
• 展示改善计划
• 传达改善活动的成功事例
• 确定所有重要的变革举措
10

中国石油大港石化公司
适用对象
适用于建筑物、道路、设备、管道的种类、介质的流向、工具箱、文件、生产数据等。
11

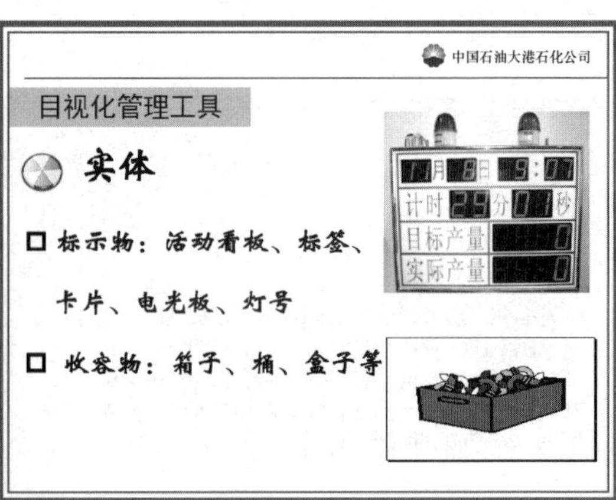

中国石油大港石化公司
目视化管理工具
实体
□ 标示物：活动看板、标签、卡片、电光板、灯号
□ 收容物：箱子、桶、盒子等
计时
分
秒
目标产量
实际产量
12

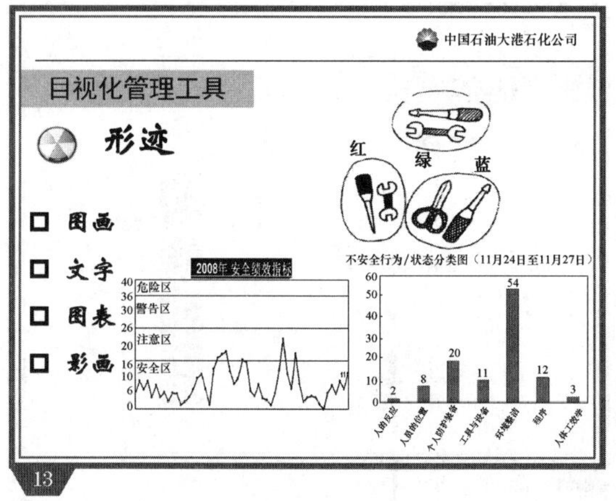
中国石油大港石化公司
目视化管理工具
形迹
图画
文字
图表
影画
红
绿
蓝
2008年 安全绩效指标
危险区
警告区
注意区
安全区
不安全行为/状态分类图（11月24日至11月27日）
13

中国石油大港石化公司
目视化管理工具
标志
颜色
标记
界限
标识
14

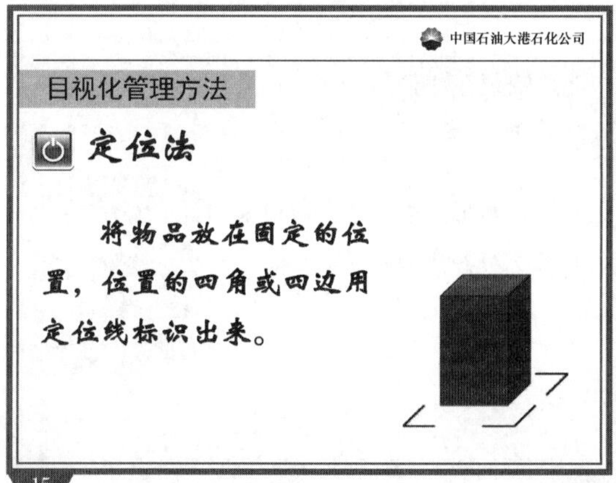
中国石油大港石化公司
目视化管理方法
定位法
将物品放在固定的位置，位置的四角或四边用定位线标识出来。
15

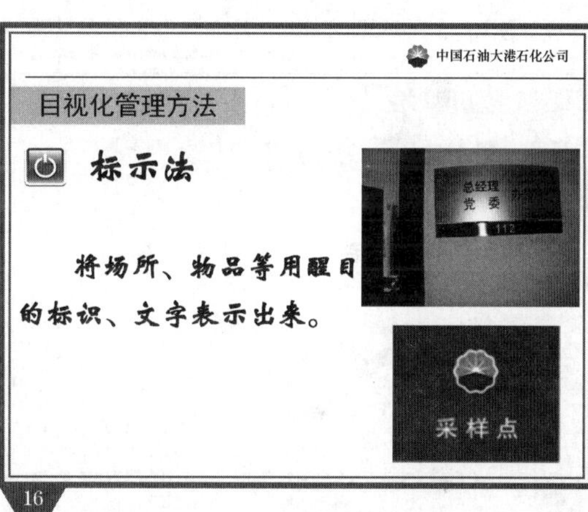
中国石油大港石化公司
目视化管理方法
标示法
将场所、物品等用醒目的标识、文字表示出来。
总经理
党委
采样点
16

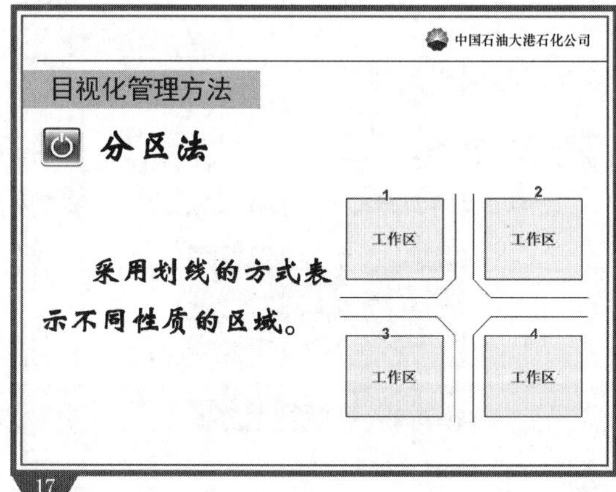
中国石油大港石化公司
目视化管理方法
分区法
采用划线的方式表示不同性质的区域。
1
2
工作区
工作区
3
4
工作区
工作区
17

中国石油大港石化公司
目视化管理方法
图形法
用大众都能识别的图形表示公共设施或特殊要求。
18

中国石油大港石化公司
目视化管理方法
颜色法
用不同的颜色表示差异。
19

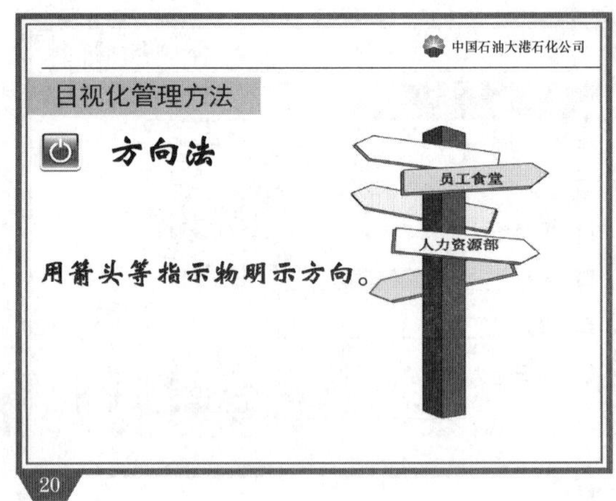
中国石油大港石化公司
目视化管理方法
方向法
用箭头等指示物明示方向。
员工食堂
人力资源部
20

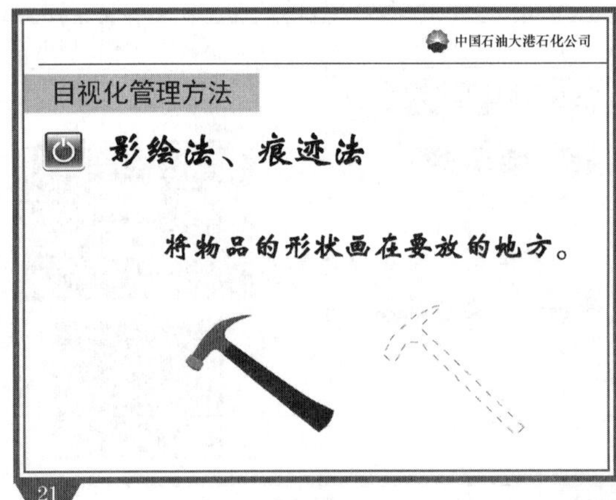
中国石油大港石化公司
目视化管理方法
影绘法、痕迹法
将物品的形状画在要放的地方。
21

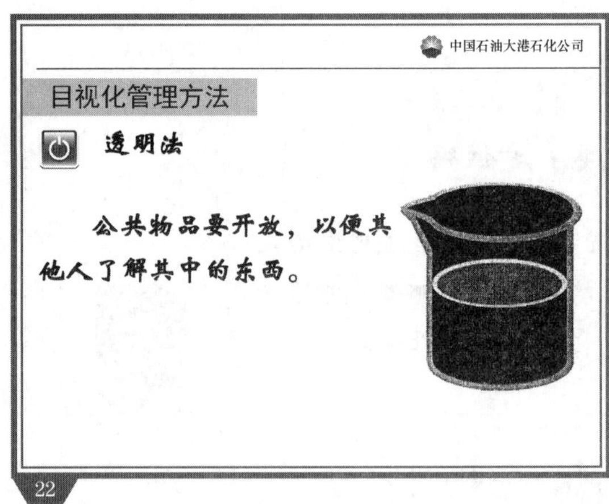
中国石油大港石化公司
目视化管理方法
透明法
公共物品要开放，以便其他人了解其中的东西。
22

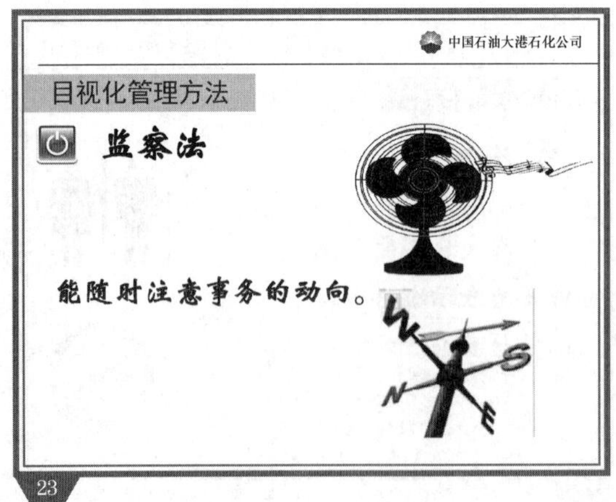
中国石油大港石化公司
目视化管理方法
监察法
能随时注意事务的动向。
23

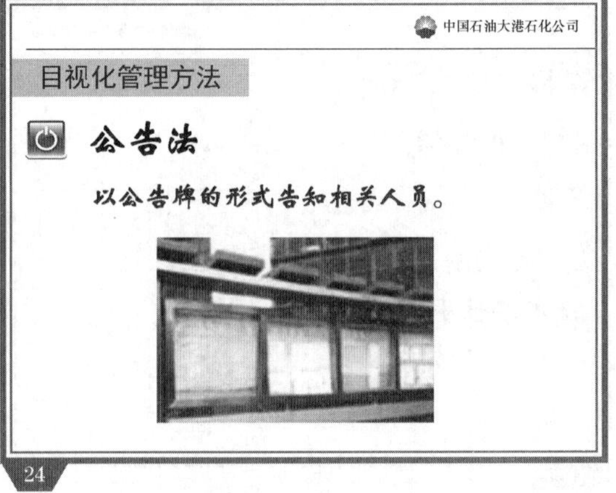
中国石油大港石化公司
目视化管理方法
公告法
以公告牌的形式告知相关人员。
24

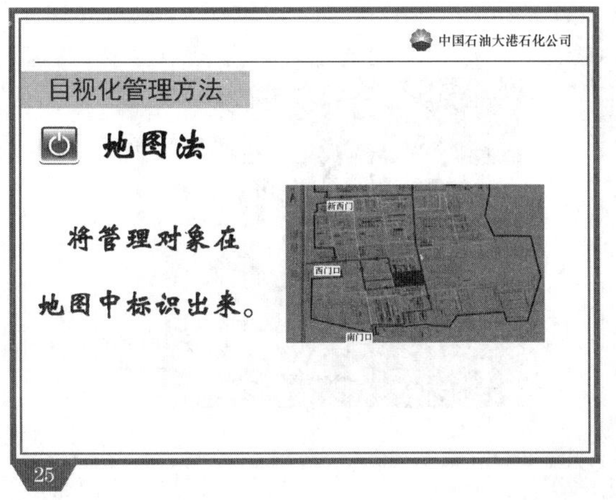
中国石油大港石化公司
目视化管理方法
地图法
将管理对象在
地图中标识出来。
新西门
西门口
南门口
25

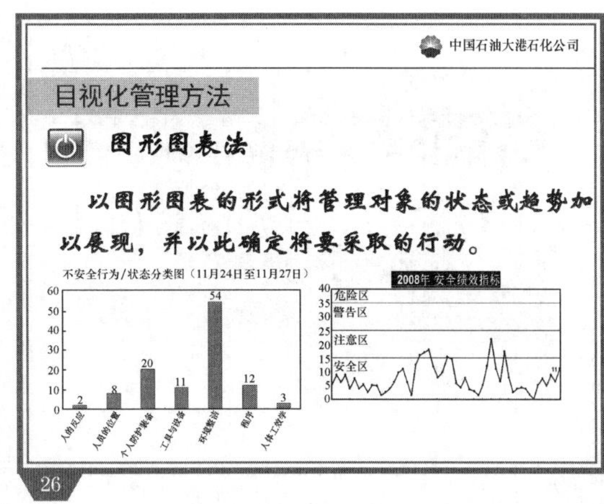
中国石油大港石化公司
目视化管理方法
图形图表法
以图形图表的形式将管理对象的状态或趋势加以展现，并以此确定将要采取的行动。
不安全行为/状态分类图（11月24日至11月27日）
60
50
40
30
20
10
0
2
8
20
11
54
12
3
人的反应
人员的位置
个人防护装备
工具与设备
环境整洁
程序
人体工效学
2008年 安全绩效指标
40
35
30
25
20
15
10
5
0
危险区
警告区
注意区
安全区
26

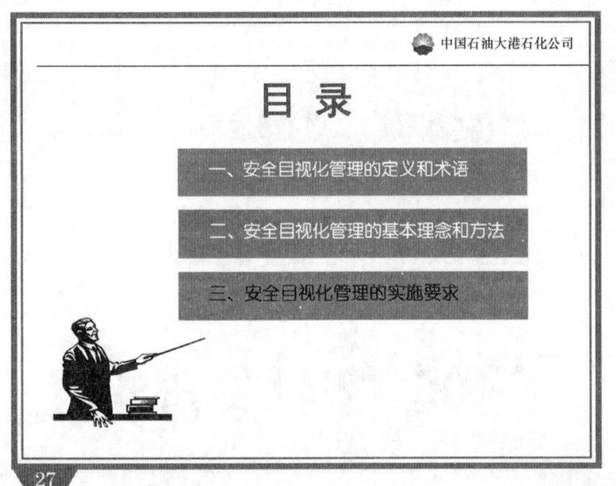
中国石油大港石化公司
目录
一、安全目视化管理的定义和术语
二、安全目视化管理的基本理念和方法
三、安全目视化管理的实施要求
27

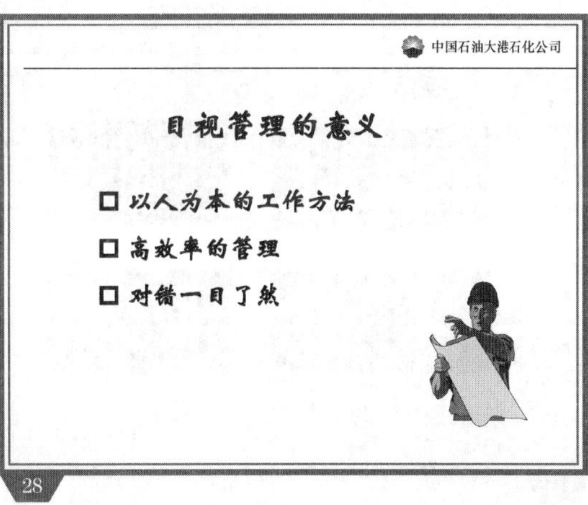
中国石油大港石化公司
目视管理的意义
□ 以人为本的工作方法
□ 高效率的管理
□ 对错一目了然
28

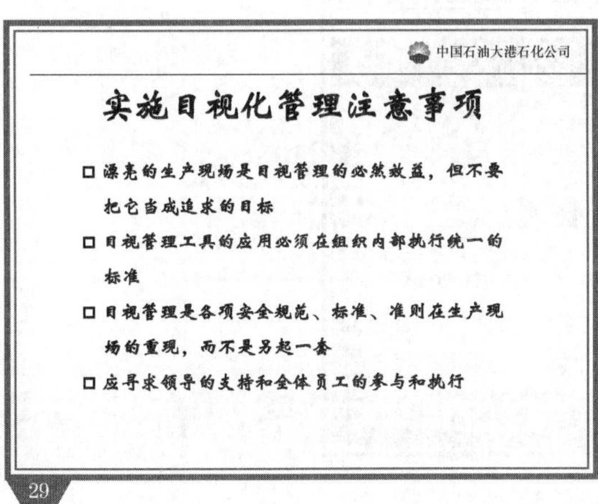
中国石油大港石化公司
实施目视化管理注意事项
□ 漂亮的生产现场是目视管理的必然效益，但不要把它当成追求的目标
□ 目视管理工具的应用必须在组织内部执行统一的标准
□ 目视管理是各项安全规范、标准、准则在生产现场的重现，而不是另起一套
□ 应寻求领导的支持和全体员工的参与和执行
29

中国石油大港石化公司
图表真美观！
是的，很美观！
这个信息说明有问题了！
好看
有用
30

中国石油大港石化公司
31

中国石油大港石化公司
32

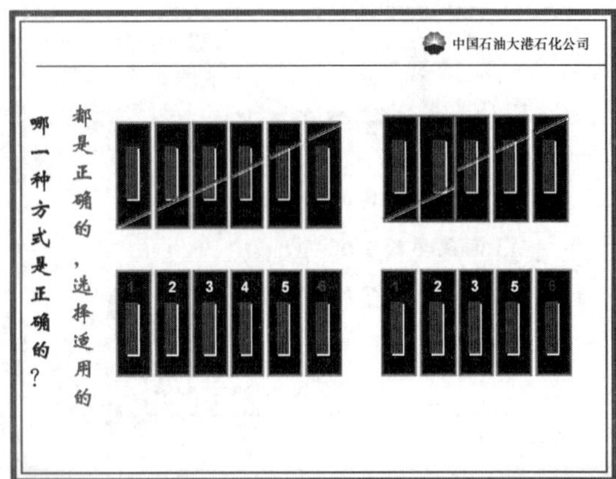
中国石油大港石化公司
哪一种方式是正确的？
都是正确的，选择适用的
2 3 4 5
2 3 5
33

中国石油大港石化公司
I hear I forget 听容易忘记
I see I remember 看印像深刻
I do I understand 做就能了解
Thank You !
34

谢谢！
35

第四章　HSE 培训矩阵应用

常减压装置 HSE 培训矩阵是建立在岗位需求分析上的基础矩阵，对员工培训什么、达到什么样的效果，员工应当掌握什么、掌握到什么程度，培训采取什么方式、多长时间培训一次、一次培训需要多少课时、由谁进行培训等，通过岗位需求分析比较准确地进行设定，因此对基层 HSE 培训具有方向引领、目标指导、操作规范、绩效考核和能力衡量等诸多作用，同时对开展员工能力评估、编制计划与组织实施培训、开展效果评价等也具有积极的应用价值。

第一节　员工能力评估

基层岗位员工的 HSE 基本能力是实现安全生产、清洁生产的重要基础。常减压装置岗位 HSE 培训矩阵编制发布完成后，应当对照矩阵培训内容对员工培训需求进行分析，组织开展员工能力评估，确定岗位员工 HSE 能力与矩阵培训项目规定要求存在的差距，明确强项、弱项与改进空间，确定岗位培训需求，并通过实施培训来提高员工的 HSE 能力。

一、建立制度与标准

HSE 基本能力评估是一项操作比较复杂、受主客观因素影响较大，同时关系个人或群体利益的系统工程，是基层 HSE 培训工作的重要组成部分，应当建立起相应的制度、标准，以指导、规范 HSE 基本能力评估工作。

（1）制定 HSE 基本能力评估管理制度。明确主管部门归口管理、车间主任全面负责、直线领导或责任人评估的原则，明确评估程序、评估方式与方法、评估周期、评估监督与考核、结果运用等相关要求，有效规范 HSE 基本能力评估操作行为。

（2）建立 HSE 基本能力评估标准。以员工所在岗位的 HSE 培训矩阵为能力评估标准，其中 HSE 培训矩阵中的各项"培训内容"即是能力评估的项目，与"培训内容"对应的"培训效果"即是能力评估标尺，以培训项目中的风险控制点、操作动作和应急处置关键环节为评估的采分点，设计 HSE 笔试测试试卷和面试能力评估表。

如《引蒸汽操作》可分为操作前准备、投用步骤、检查确认等内容，在设计 HSE 笔试测试试卷和面试能力评估表时，应以培训项目中的风险控制点、操作动作和应急处置关键环节为评估的采分点，设计笔试试卷和面试能力评估清单。示例见表 4－1。

二、员工能力评估程序与方法

常减压装置岗位员工 HSE 基本能力评估应按照一级考核一级的原则，由直线领导（责任人）对下一级进行评估。对基层岗位员工进行 HSE 基本能力评估，应当依据 HSE 矩阵开展，实现"一人一评估"。评估方式可以结合装置生产实际，采用自评、理论测试评与日常操作观察评、访谈评、现场评等多种方式相结合进行，但应侧重现场实际操作与风险管控。员工 HSE 基本能力评估可以参照以下基本程序进行：

表4－1　引蒸汽操作评估清单(示例)

操作顺序			考核内容	风险	评分要素	评分标准	赋分	得分	备注
1	操作前准备		……	……	……	……			
2	投用步骤	1	投用常压凝结水	管线水击	按照步骤投用	投用点错误一次扣1分；未并入一处扣2分	10		
		2	主蒸汽末端排凝	管线水击，泄漏，烫伤	投用操作	没有步骤扣5分	5		
		3	支路根部阀关闭	蒸汽使用范围失控，烫伤	按照流程图逐个关闭	隔断点错误一次扣1分；未隔断一处扣2分	10		
		4	蒸汽压控隔断	蒸汽使用范围失控，烫伤	按照流程关闭	隔断点错误一次扣5分	5		
		5	汽包切液	管线水击，泄漏，烫伤	投用操作	没有步骤扣10分	20		
		6	缓慢投用	管线水击，泄漏，烫伤	按照规程投用	未确认上述内容，直接投用扣20分	20		
3	投产试运	1	蒸汽系统泄漏点检查	泄漏、烫伤	检查并确认泄压阀关闭	没有沿途检查，扣20分	20		
		2	蒸汽压力确认	蒸汽未引进，泄漏	内外操核对压力	没有确认项扣10分	10		
合计							100		

(1)以车间主任为第一责任人，成立评估小组，制订评估方案，明确职责和分工。

(2)提前向员工告知评估内容、评估时间等评估要求。

(3)根据装置实际，采取纸版试卷或电脑答题等方式进行操作技能笔试测试，按HSE基本能力评估清单规定项目、内容和方法进行面试评估。

(4)查阅个人事故、违章等资料。

(5)征求相关人员意见。

(6)对被评估员工进行综合打分。

(7)根据综合打分对被评估员工进行总体评估，统计分析项目合格率和技能短板。

(8)汇总、总结、评审评估工作，建立评估登记，存档备查和上报有关部门。

HSE基本能力评估频次一般为每年一次，新入厂、转岗等员工上岗前，在岗员工从事新岗位前都应接受能力评估。

三、评估结果运用

HSE基本能力评估的目的在于了解掌握和采取措施提高员工HSE基本能力，因此每次HSE基本能力评估结束后，应当重点做好以下工作：

(1)认真分析员工HSE基本能力现状是否达到培训的预期效果，是否满足所在岗位生产工作实际需要，以及产生不足的原因；总结取得的成效和有效作法；研究制订改进措施，包括下一步常减压装置 HSE 培训计划，HSE 培训矩阵改进方案，HSE 培训、能力评估制度、标准和作法完善措施，消除影响 HSE 基本能力评估因素的办法等。

（2）控制不具备相应能力员工上岗风险。针对 HSE 基本能力评估出现不达标或单项操作项目不合格的员工，应接受专项培训进行补课，在未达到相应能力前，不得单独进行能力不达标项目的操作。

（3）落实 HSE 培训激励政策，对员工达标的操作项目可按目视化管理方法作出标识，对经过 HSE 基本能力评估全面达标的员工给予必要的奖励，以激励员工参加 HSE 培训、主动学习 HSE 知识和操作技能，形成 HSE 培训良性循环。

第二节　编制培训计划

以培训矩阵为主要内容，编制合理的培训计划是做好常减压装置 HSE 培训组织工作的重要前提，通过精心安排培训对象、培训项目、培训方式、师资、时间、地点等培训内容和要求，可以为常减压装置 HSE 培训组织与实施打下良好的基础。

一、常减压装置 HSE 培训计划编制依据

常减压装置 HSE 培训计划编制的主要依据包括：

（1）常减压装置岗位 HSE 培训矩阵。包括培训矩阵中规定的项目和培训周期等培训要求，都可以作为培训计划编制的依据。

（2）员工 HSE 基本能力评估结果。当员工能力评估存在不合格项时，应将不合格项的培训纳入培训计划中。

（3）因政策法规、工艺、设备、技术、材料等发生变更而增加的岗位 HSE 培训需求，也应作为培训计划编制依据。

二、培训计划主要内容

计划包括培训项目、培训对象、培训方式、培训师资、培训日期和培训地点等内容。示例见表4－2。

（1）培训项目。按照常减压装置岗位 HSE 培训矩阵中培训项目的培训周期，以及员工 HSE 基本能力评估结果，确定年度或阶段时间内应当进行的培训项目。

（2）培训对象。按照 HSE 培训矩阵中规定的培训项目、培训周期，确定应当进行培训的岗位，分岗位统计应培训的员工数量，作为 HSE 培训计划中的培训对象，达到分岗位培训。

（3）培训方式。以 HSE 培训矩阵中规定的培训方式为主，结合员工接受的能力和习惯，培训的预期效果，生产工作运行实际灵活程度确定培训方式，尽可能有益于员工接受。

（4）培训日期与培训课时。培训时间应当根据培训项目、培训对象、培训方式结合企业季节生产特点确定，在尽可能不影响生产的情况下组织培训。培训课时可在符合岗位 HSE 培训矩阵规定的条件下，结合员工倒班生产等实际进行确定，可实行分次培训、课时累加，充分利用班前会、工作间休息、施工作业现场或培训班等时间和场合开展培训。

（5）培训师资。培训师应当按照一级培训一级的原则确定，班组主体专业范围内的培训项目应当由班组长或站队长负责授课，班组长或站队长不具备培训能力的情况下，由专兼职培

训师负责授课。非主体专业范围或特种作业人员取证的培训项目,报请培训主管部门组织培训。

(6)培训地点。根据培训对象、培训项目、培训形式的实际情况确定培训地点,有益于培训开展。属于课堂培训尽可能选择教室、会议室或办公室等能够集中培训的场所,属于现场操作培训尽可能选择生产岗位、施工现场或具有模拟现场操作功能的教室。

表4-2 2016年第一联合车间第一周期培训计划表

培训时间						培训内容	培训对象		拟培训人数	培训课时	培训形式	考核形式	负责人
10天	二班	一班	五班	四班	三班		常减压	焦化					
第一天	5-3	5-23	2-29	3-21	4-12	常压塔顶压力的控制和调节	√		62	2	讲授	笔试	陶××
第二天	5-4	5-24	3-1	3-22	4-13	1. 常压塔底吹汽及常底液位的控制和调节; 2. 常减压装置系统吹扫、试压注意事项	√		62	4	讲授	笔试	于××
第三天	5-5	5-25	3-2	3-23	4-14	1. 原油带水的应急处理; 2. 减渣外送温度的调节与影响分析	√		62	2	讲授	笔试	陈××
第四天	5-6	5-26	3-3	3-24	4-15	干气 C_3 及以上含量的控制和调节		√	57	2	讲授	笔试	杨××
第五天	5-9	5-27	3-4	3-25	4-18	液化气 C_5 含量(或残留物)的控制和调节		√	57	2	讲授	笔试	张××
第六天	5-10	5-30	3-7	3-28	4-19	1. 机泵盘车及润滑油加油、换油操作; 2. 凝结水自动泵简介	√	√	105	4	讲授	笔试	李××
第七天	5-11	5-31	3-8	3-29	4-20	高压水泵启、停操作		√	57	2	讲授	笔试	孙××
第八天	5-12	6-1	3-9	3-30	4-21	焦炭塔底盖机介绍		√	57	2	讲授	笔试	邵××
第九天	5-13	6-2	3-10	3-31	4-22	预防硫化氢中毒及典型硫化氢中毒案例分析	√	√	105	2	讲授	笔试	王××
第十天		6-3	3-11	4-1		考核日							于××

编制人: 审批人:

三、常减压装置培训计划的编制与评审

常减压装置 HSE 培训计划应由基层车间组织按年度或季度编制,上报本单位培训主管部门审查、汇总,纳入本单位总体培训计划,由基层车间组织实施。常减压装置 HSE 培训计划可以采取文字或表格形式等表述,编制完成后应当进行评审,上报培训主管部门审查、确认方可实施。

第三节 培训组织实施

培训组织实施是培训矩阵应用的重要环节，直接关系到常减压装置 HSE 培训的最终效果，影响到员工 HSE 能力的提升程度。

一、培训组织

在 HSE 培训组织方面，应当充分发挥培训、安全、技术、生产、机动等部门与基层单位之间的横向协调作用，并应当遵循一级培训一级、一级考核一级、一级对一级负责的原则。培训部门应在常减压装置 HSE 培训的整体策划、培训设施、场地等资源方面给予保障；安全、技术、生产、机动部门等应在教材开发、师资等方面给予相应支持。基层主管领导应尽可能亲自组织开展培训工作，每次实施培训都应当进行策划，指定负责人，选择合适的培训师，给予培训时间保证。HSE 培训师应当认真负责，做好授课准备，有效利用授课时间。培训负责人要做好培训场地安排，设备设施检查确认，确保安全培训。

二、培训实施

根据炼化装置生产特点，HSE 培训应合理安排时间，新入厂、调换工种或岗位、复工员工培训应当安排在上岗前进行；接受新生产工作任务的员工培训应当在执行新的生产工作任务前进行；生产一线倒班班组的基层员工培训应当尽可能选择生产工作相对空闲的时间进行。按培训师“安全提示、经验分享、内容介绍、授课实施、问题解答、授课总结”六步法授课，以实际操作培训为主、课堂讲授与现场辅导相结合、互动交流，保证有 1/3 以上时间用于答疑解惑和开展问题研讨，充分利用现有计算机、多媒体技术，增强授课效果。坚持“分岗位、小范围、短课时、多形式”培训。

“分岗位”即在培训员工操作技能时，应当按岗位进行授课，与授课内容无关的员工可不参加培训。如一个联合车间有常减压装置和延迟焦化装置两个专业（工种），其中专业（工种）中还分为不同岗位，在开展 HSE 技能项目培训时应按专业（工种）或岗位授课。

“小范围”即一次培训针对一部分人，如常减压装置岗位是基层车间的一个装置，人员占车间总数的 45% 以上，一个倒班班组按 20 名员工计算，45 名岗位员工一起进行上课，难以保证培训效果，应当分期分批进行授课，一次培训人数尽可能少，有益于培训沟通、交流和具体指导。

“短课时”即每次授课尽可能短，一次授课可以仅解决一个问题，既能保证接受培训者注意力集中，同时能够较好地处理生产与培训的关系。考虑成人保持精力集中的特点，一次授课时间控制在 30min 以内。

“多形式”即从实用出发，应用课堂、现场、会议、交流、网络、多媒体等形式，有效传授 HSE 知识。如上例生产装置按班组、班组按岗位管理，内外操室配有计算机，HSE 培训可以按班组、按岗位、按操作单元授课，也可以利用交接班、计算机网络、多媒体和鼓励员工自学等形式进行培训，尤其技能项目培训应当放在生产岗位进行。

第四节　培训效果评价

依据培训矩阵设定的要求，对常减压装置 HSE 培训效果进行评价，找出不足并实施改进，有助于常减压装置提升 HSE 培训管理工作水平。

一、培训效果评价内容

对常减压装置 HSE 培训组织、实施的有效性应当采取有效的方法进行验证。培训效果验证应重点考虑以下内容：

(1)培训反馈方面。从培训后员工操作能力变化、站队班组 HSE 业绩变化、培训工作持续改进等反馈情况对培训效果进行验证，员工操作能力的变化可以依据能力评估结果来确认。

(2)培训组织方面。从培训计划制订、培训班筹备(培训内容设置、教材课件选用与编辑、培训师资选择、培训时间、场地、设施等)、培训报名与召集、后勤准备等组织方面验证培训组织工作开展情况，对培训组织的效果评价可以采用人事部门的培训项目评价调查表、师资培训效果评价表等方式进行。

(3)培训实施方面。对开班授课、后勤支持、现场考勤等实施方面进行效果验证，可以通过现场和有关记录进行综合评价。

二、培训效果评价实施

培训效果评价可以由人事部门组织，也可以通过各级直线部门，按照直线责任对培训组织、培训实施与培训反馈方面进行评价。评价可采取调查、检查、审核等多种方式进行，通过对培训组织、实施以及培训反馈等方面进行调查，分析培训工作是否存在需要改进的弱项，从而为改进基层 HSE 培训，提升培训效果提供依据。

第五节　培训信息管理

培训矩阵应用的各种记录管理主要体现在培训信息管理上，培训信息管理也是常减压装置 HSE 基础工作的重要组成部分。

一、培训记录建立

常减压装置应当建立包括员工培训档案、培训管理档案、培训课程档案等在内的培训记录，用于支持基层培训管理工作和保证培训项目的可追溯性。

员工培训档案是为体现员工在一定时期内参加培训项目的记录性文件。依据《中华人民共和国安全生产法》第二十五条："生产经营单位应当建立安全生产教育和培训档案，如实记录安全生产教育和培训的时间、内容、参加人员以及考核结果等情况"。员工培训档案的主要内容应当包括员工姓名、培训项目、培训方式、培训课时、培训结果(笔试及实操评估成绩)、培训日期、授课人、培训地点等信息，实行动态管理。

培训管理档案是指常减压装置 HSE 培训管理过程中形成的一些过程性文件档案，包括基层 HSE 培训计划、培训试卷、培训签到、培训效果验证、培训总结、内外部培训师资档案等资料信息。

培训课程档案是指常减压装置 HSE 培训课件、培训教程库,主要包括 HSE 培训课件、培训教程、操作规程等资料信息。

二、培训记录的信息管理

常减压装置 HSE 培训记录应当由基层车间统一管理,由基层车间按照本单位制度要求报人事部门汇总存档。其中,员工档案、培训管理档案是法律和企业制度规定的痕迹化管理内容,而培训课程档案则是企业和基层员工传承、累积 HSE 知识与技能的核心。随着计算机及互联网技术的普及发展,对常减压装置 HSE 培训档案可实施信息化管理,将 HSE 培训档案信息与绩效考核、薪酬调整、职务晋升等多方面建立档案间的关联,充分发挥 HSE 培训的重要作用。

第六节 矩阵应用保障

HSE 培训矩阵的推广与应用需要单位主要领导的重视与亲力亲为,只有从职责、制度、人才、培训资源等多方面提供支持与保障,才能确保 HSE 培训矩阵在基层装置得到有效推广和落实。

一、规范管理制度保障

常减压装置岗位 HSE 培训矩阵作为员工 HSE 能力的标准和 HSE 培训工作规范,无论编制还是执行应当有相应的约束。一是要明确有关 HSE 培训矩阵应用管理要求,制定包括建立编制原则、程序、方法、审批以及相应的能力评估制度与标准;二是要明确管理职责,把岗位 HSE 培训矩阵编制、评审、审批和 HSE 基本能力评估、培训计划编制、培训实施等,落实到领导干部、职能部门、基层管理者中去。矩阵推广与应用单位要组织人事、安全、生产、技术、机动等部门,成立矩阵编制与应用组织,编制工作方案,落实工作职责,设定节点,按时完成矩阵编制、操作规程完善、课件开发、能力评估标准制定,培训实施,效果评估等工作任务;三是要建立健全基层岗位 HSE 培训矩阵编制与应用目标责任制,与单位、个人经济效益挂钩,做到有奖有罚。

在落实责任和制定制度时,应当充分考虑制度的实用性,要从人力资源管理的系统性、全局性出发,将 HSE 培训职责、培训制度、标准与流程纳入人力资源的培训管理系统中,统筹规划、全面考虑。

二、建立基层 HSE 培训师队伍

建立一支优秀的 HSE 培训师队伍,充分发挥其作用,对做好装置 HSE 培训具有十分重要的意义。企业和企业所属单位应当建立 HSE 培训师管理制度,明确管理者、技术员、班组长等基层直线及属地管理者履行 HSE 培训直线职责,同时吸纳资深员工、操作骨干、技师等作为 HSE 培训师的重要补充,并鼓励人人成为 HSE 培训师。常减压装置应当根据 HSE 培训矩阵的师资要求和有关制度,按照专业种类,结合生产实际设置 HSE 培训师,每个专业以设置 2 ~ 3 名 HSE 培训师为宜,由所在基层单位进行管理。HSE 培训师应实行公开选拔、择优聘用,可实

行个人申报、班组(或站队)推荐、培训主管部门审查筛选,采取试讲、模拟操作等方法进行理论与实际操作考核,按拟聘数额和考核排序进行选拔。

HSE 培训师应实行动态管理与考核。由企业所属单位每年对 HSE 培训师进行一次绩效考核,从员工培训效果评价、员工认可程度、培训师实施培训的能力与表现等进行综合测评和考核。综合测评的结果作为基层 HSE 培训师续聘或解聘、相应待遇享受、酬金发放和评先选优的重要依据。

三、建立激励和保障机制

炼化 HSE 培训矩阵编制和应用离不开方方面面的保障,包括组织、制度、人力、物力、财力和时间等资源保障。由于各炼化企业的装置基础条件不同,一些企业的装置培训基础设施缺乏,培训条件较差,培训能力较弱,企业应当加大 HSE 培训资源的投入。一是整合矩阵编制与应用技术力量,充分调动生产、技术、机动等方面的专家以及基层岗位具有丰富实操经验的员工参与到培训矩阵编制、课件开发、能力评估标准的制定过程中;二是分专业配备 HSE 培训师,落实激励政策;三是配备必要的授课设备、器械、资料,为基层 HSE 培训创造良好条件;四是合理安排工作与培训时间,保证岗位员工接受 HSE 培训;五是通过专项审核与考核,持续推动 HSE 培训矩阵在基层的编制与应用。

附录1　常减压装置培训矩阵汇总表

编号	培训内容	培训教材	班长	常减压内操	常减压外操
1	**通用安全知识**				
1.1	HSE 规章制度	课件	指导	掌握	掌握
1.2	安技装备使用	课件	指导	掌握	掌握
1.3	劳动防护用品使用	课件	指导	掌握	掌握
1.4	应急救护	课件	指导	掌握	掌握
1.5	典型事故案例	课件	指导	了解	了解
1.6	常用危化品知识	课件	指导	了解	了解
2	**岗位操作技能**				
2.1	工艺正常操作	课件	指导	掌握	掌握
2.2	开工操作	课件	指导	掌握	掌握
2.3	停工操作	课件	指导	掌握	掌握
2.4	DCS 仿真操作	课件	指导	掌握	掌握
2.5	通用设备操作	课件	指导	了解	掌握
2.6	专用设备操作	课件	指导	了解	掌握
2.7	事故判断与处理	课件	指导	掌握	掌握
2.8	DCS 系统操作	课件	指导	掌握	了解
3	**生产受控管理**				
3.1	工艺记录填写规范	课件	指导	掌握	掌握
3.2	日常巡检规范	课件	指导	了解	掌握
3.3	工艺纪律检查内容	课件	指导	掌握	掌握
3.4	操作卡填写及操作确认	课件	指导	掌握	掌握
3.5	变更管理	课件	指导	掌握	掌握
3.6	工作循环分析	课件	指导	掌握	掌握
3.7	作业许可	课件	指导	掌握	掌握
4	**HSE 理念、方法与工具**				
4.1	属地管理	课件	指导	了解	了解
4.2	安全观察与沟通	课件	指导	了解	了解
4.3	目视化管理	课件	指导	了解	了解
4.4	工作安全分析	课件	指导	了解	了解
4.5	事件分析	课件	指导	了解	了解
4.6	6S 管理	课件	指导	了解	了解

附录2　常减压装置班长岗位培训矩阵

编号	培训内容	培训课时	培训周期	培训方式	考核方式	培训效果	培训师资	备注
1	**通用安全知识**							
1.1	HSE 规章制度							
1.1.1	入厂安全须知	0.5	1 年	授课	笔试	指导	班组长或安全员	
1.1.2	人身安全十大禁令	0.5	1 年	授课	笔试	指导	班组长或安全员	
1.1.3	防火防爆十大禁令	0.5	1 年	授课	笔试	指导	班组长或安全员	
1.1.4	车辆安全十大禁令	0.5	1 年	授课	笔试	指导	班组长或安全员	
1.1.5	防止中毒窒息十条规定	0.5	1 年	授课	笔试	指导	班组长或安全员	
1.1.6	防止静电危害十条规定	0.5	1 年	授课	笔试	指导	班组长或安全员	
1.1.7	防止硫化氢中毒十条规定	0.5	1 年	授课	笔试	指导	班组长或安全员	
1.1.8	中国石油反违章六条禁令	0.5	1 年	授课	笔试	指导	班组长或安全员	
1.1.9	中国石油 HSE 管理九项原则	0.5	1 年	授课	笔试	指导	班组长或安全员	
1.2	安技装备使用							
1.2.1	正压式空气呼吸器的使用	0.5	2 年	授课 + 现场	实操	指导	班组长或安全员	
1.2.2	便携式气体检测仪的使用	0.5	2 年	授课 + 现场	实操	指导	班组长或安全员	
1.2.3	消防器材使用	0.5	2 年	授课 + 现场	实操	指导	班组长或安全员	
1.2.4	防毒面具的使用	0.5	2 年	授课 + 现场	实操	指导	班组长或安全员	
1.2.5	洗眼器使用	0.5	2 年	授课 + 现场	实操	指导	班组长或安全员	
1.3	劳动防护用品使用							
1.3.1	安全帽、护目镜、面罩使用	0.5	3 年	授课 + 现场	实操	指导	班组长或安全员	
1.3.2	防护手套、服装、鞋的使用	0.5	3 年	授课 + 现场	实操	指导	班组长或安全员	
1.4	应急救护							
1.4.1	心肺复苏技能	0.5	2 年	授课 + 现场	实操	指导	班组长或安全员	
1.4.2	硫化氢中毒的救护	0.5	2 年	授课 + 现场	实操	指导	班组长或安全员	
1.4.3	火灾报警演示	0.5	2 年	授课 + 现场	实操	指导	班组长或安全员	
1.5	典型事故案例							
1.5.1	火灾爆炸	1	2 年	授课	笔试	指导	班组长或安全员	
1.5.2	中毒窒息	1	2 年	授课	笔试	指导	班组长或安全员	
1.5.3	机械伤害	1	2 年	授课	笔试	指导	班组长或安全员	
1.5.4	物体打击	1	2 年	授课	笔试	指导	班组长或安全员	
1.5.5	高处坠落	1	2 年	授课	笔试	指导	班组长或安全员	
1.5.6	触电	1	2 年	授课	笔试	指导	班组长或安全员	
1.5.7	其他	1	2 年	授课	笔试	指导	班组长或安全员	

续表

编号	培训内容	培训课时	培训周期	培训方式	考核方式	培训效果	培训师资	备注
1.6	常用危化品知识							
1.6.1	硫化氢	0.5	2年	授课	笔试	指导	班组长或安全员	
1.6.2	液化石油气	0.5	2年	授课	笔试	指导	班组长或安全员	
1.6.3	原油	0.5	2年	授课	笔试	指导	班组长或安全员	
1.6.4	汽油	0.5	2年	授课	笔试	指导	班组长或安全员	
1.6.5	干气	0.5	2年	授课	笔试	指导	班组长或安全员	
1.6.6	氨	0.5	2年	授课	笔试	指导	班组长或安全员	
1.6.7	氮气	0.5	2年	授课	笔试	指导	班组长或安全员	
1.6.8	二氧化硫	0.5	2年	授课	笔试	指导	班组长或安全员	
1.6.9	硫化亚铁	0.5	2年	授课	笔试	指导	班组长或安全员	
2	**岗位操作技能**							
2.1	工艺正常操作							
2.1.1	控制阀改副线的操作	1	1年	课堂+现场	笔试	指导	班组长或工艺员	
2.1.2	加剂的操作	1	1年	课堂+现场	笔试	指导	班组长或工艺员	
2.1.3	采样的操作	1	1年	课堂+现场	笔试	指导	班组长或工艺员	
2.1.4	电脱盐操作温度的控制和调节	1	1年	课堂+现场	笔试	指导	班组长或工艺员	
2.1.5	常压炉出口温度的控制和调节	1	1年	课堂+现场	笔试	指导	班组长或工艺员	
2.1.6	柴油FP、SP、95%点馏出温度的控制和调节	1	1年	课堂+现场	笔试	指导	班组长或工艺员	
2.1.7	常渣350℃馏出的控制和调节	1	1年	课堂+现场	笔试	指导	班组长或工艺员	
2.1.8	减二线95%点和比色的控制和调节	1	1年	课堂+现场	笔试	指导	班组长或工艺员	
2.1.9	常压塔顶压力的控制和调节	1	1年	课堂+现场	笔试	指导	班组长或工艺员	
2.1.10	常压塔底汽提吹汽量的控制和调节	1	1年	课堂+现场	笔试	指导	班组长或工艺员	
2.1.11	常底液面的控制和调节	1	1年	课堂+现场	笔试	指导	班组长或工艺员	
2.1.12	减压塔真空度的控制和调节	1	1年	课堂+现场	笔试	指导	班组长或工艺员	
2.2	开工操作							
2.2.1	引蒸汽操作	1	2年	课堂+现场	评价	指导	班组长或工艺员	
2.2.2	引氮气操作	1	2年	课堂+现场	评价	指导	班组长或工艺员	
2.2.3	系统吹扫、试压注意事项	1	2年	课堂+现场	评价	指导	班组长或工艺员	
2.2.4	装置进油开路循环操作	1	2年	课堂+现场	评价	指导	班组长或工艺员	
2.2.5	装置进油闭路循环操作	1	2年	课堂+现场	评价	指导	班组长或工艺员	
2.2.6	加热炉点火的操作	2	2年	课堂+现场	评价	指导	班组长或工艺员	
2.2.7	减压抽真空的操作	2	2年	课堂+现场	评价	指导	班组长或工艺员	
2.2.8	开工收封油的操作	1	2年	课堂+现场	评价	指导	班组长或工艺员	

续表

编号	培训内容	培训课时	培训周期	培训方式	考核方式	培训效果	培训师资	备注
2.2.9	开工收汽油、柴油	1	2年	课堂+现场	评价	指导	班组长或工艺员	
2.2.10	开工收蜡油操作	1	2年	课堂+现场	评价	指导	班组长或工艺员	
2.2.11	燃料油系统投用循环的操作	1	2年	课堂+现场	评价	指导	班组长或工艺员	
2.3	停工操作							
2.3.1	塔类设备的蒸汽置换操作	1	2年	课堂+现场	现场	指导	班组长或工艺员	
2.3.2	加热炉停炉的操作	1	2年	课堂+现场	现场	指导	班组长或工艺员	
2.3.3	减压消真空的操作	1	2年	课堂+现场	现场	指导	班组长或工艺员	
2.3.4	电脱盐罐退油的操作	1	2年	课堂+现场	现场	指导	班组长或工艺员	
2.3.5	常压系统退油的操作	1	2年	课堂+现场	现场	指导	班组长或工艺员	
2.3.6	减压系统退油的操作	1	2年	课堂+现场	现场	指导	班组长或工艺员	
2.4	DCS仿真操作							
2.4.1	装置开工模拟操作	4	2年	仿真	仿真	指导	班组长或工艺员	
2.4.2	装置停工模拟操作	4	2年	仿真	仿真	指导	班组长或工艺员	
2.4.3	装置事故处理模拟操作	4	2年	仿真	仿真	指导	班组长或工艺员	
2.5	通用设备操作							
2.5.1	离心泵启、停、切换操作	1	2年	课堂+现场	评价	指导	班组长或设备员	
2.5.2	风机的启、停运操作	1	2年	课堂+现场	评价	指导	班组长或设备员	
2.5.3	换热器投用、停用操作	1	2年	课堂+现场	评价	指导	班组长或设备员	
2.5.4	风动隔膜泵的启、停操作	1	2年	课堂+现场	评价	指导	班组长或设备员	
2.5.5	螺杆泵启、停、切换操作	1	2年	课堂+现场	评价	指导	班组长或设备员	
2.5.6	干式/喷淋蒸发式、板式空冷器启、停运操作	2	2年	课堂+现场	评价	指导	班组长或设备员	
2.5.7	高危介质泵机封辅助系统操作（投用、停用）	2	2年	课堂+现场	评价	指导	班组长或设备员	
2.5.8	鼓风机、引风机的启停操作	2	2年	课堂+现场	评价	指导	班组长或工艺员	
2.5.9	机泵润滑油加油、换油操作	2	2年	课堂+现场	评价	指导	班组长或工艺员	
2.5.10	机泵盘车操作	2	2年	课堂+现场	评价	指导	班组长或工艺员	
2.6	专用设备操作							
2.6.1	常顶气压缩机操作（启、停）	2	2年	课堂+现场	现场	指导	班组长或设备员	
2.6.2	水环真空泵操作（启、停）	3	3年	课堂+现场	现场	指导	班组长或设备员	
2.7	事故判断与处理							
2.7.1	紧急停工方案	1	1年	课堂+现场	演练	指导	班组长或工艺员	
2.7.2	换热器泄漏的应急处理	1	1年	课堂+现场	演练	指导	班组长或设备员	
2.7.3	装置停电、晃电的应急处理	1	1年	课堂+现场	演练	指导	班组长或工艺员	

续表

编号	培训内容	培训课时	培训周期	培训方式	考核方式	培训效果	培训师资	备注
2.7.4	原油带水的应急处理	1	1年	课堂+现场	演练	指导	班组长或工艺员	
2.7.5	闪底泵抽空的应急处理	1	1年	课堂+现场	演练	指导	班组长或工艺员	
2.7.6	常底泵抽空的应急处理	1	1年	课堂+现场	演练	指导	班组长或工艺员	
2.7.7	减底泵抽空的应急处理	1	1年	课堂+现场	演练	指导	班组长或工艺员	
2.7.8	减压真空度波动的应急处理	1	1年	课堂+现场	演练	指导	班组长或工艺员	
2.7.9	电脱盐混合压差阀卡的应急处理	1	1年	课堂+现场	演练	指导	班组长或工艺员	
2.7.10	常压塔冲塔的应急处理	1	1年	课堂+现场	演练	指导	班组长或工艺员	
2.7.11	瓦斯压力下降或中断的应急处理	1	1年	课堂+现场	演练	指导	班组长或工艺员	
2.7.12	低压蒸汽压力大幅度下降或中断的应急处理	1	1年	课堂+现场	演练	指导	班组长或工艺员	
2.8	DCS系统操作							
2.8.1	DCS系统常规操作：历史数据查询、过程报警处理、设定值修改、调节阀手自动切换等	2	2年	课堂+现场	评价	指导	班组长或工艺员	
2.8.2	装置主要控制回路操作	2	2年	课堂+现场	评价	指导	班组长或工艺员	
2.8.3	常压炉工艺联锁系统操作	2	2年	课堂+现场	评价	指导	班组长或工艺员	
2.8.4	减压炉工艺联锁系统操作	2	2年	课堂+现场	评价	指导	班组长或工艺员	
2.8.5	常减压设备联锁系统操作	2	2年	课堂+现场	评价	指导	班组长或工艺员	
3	**生产受控管理**							
3.1	工艺记录填写规范	1	2年	课堂	评价	指导	班组长或工艺员	
3.2	日常巡检规范	1	2年	课堂	评价	指导	班组长或工艺员	
3.3	工艺纪律检查内容	1	2年	课堂	评价	指导	班组长或工艺员	
3.4	操作卡填写及操作确认	1	2年	课堂	评价	指导	班组长或工艺员	
3.5	变更管理	1	2年	课堂	评价	指导	班组长或工艺员	
3.6	工作循环分析	1	2年	课堂	评价	指导	班组长或工艺员	
3.7	作业许可	1	2年	课堂	评价	指导	班组长或工艺员	
4	**HSE理念、方法与工具**							
4.1	属地管理	1	2年	课堂	评价	指导	班组长或安全员	
4.2	安全观察与沟通	1	2年	课堂+现场	评价	指导	班组长或安全员	
4.3	目视化管理	2	2年	课堂+现场	评价	指导	班组长或安全员	
4.4	工作安全分析	2	2年	课堂+现场	评价	指导	班组长或安全员	
4.5	事件分析	2	2年	课堂	评价	指导	班组长或安全员	
4.6	6S管理	2	2年	课堂+现场	评价	指导	班组长或安全员	

注：培训课时单位为小时(h)。

附录3 常减压装置内操岗位培训矩阵

编号	培训内容	培训课时	培训周期	培训方式	考核方式	培训效果	培训师资	备注
1	**通用安全知识**							
1.1	HSE 规章制度							
1.1.1	入厂安全须知	0.5	1年	授课	笔试	指导	班组长或安全员	
1.1.2	人身安全十大禁令	0.5	1年	授课	笔试	指导	班组长或安全员	
1.1.3	防火防爆十大禁令	0.5	1年	授课	笔试	指导	班组长或安全员	
1.1.4	车辆安全十大禁令	0.5	1年	授课	笔试	指导	班组长或安全员	
1.1.5	防止中毒窒息十条规定	0.5	1年	授课	笔试	指导	班组长或安全员	
1.1.6	防止静电危害十条规定	0.5	1年	授课	笔试	指导	班组长或安全员	
1.1.7	防止硫化氢中毒十条规定	0.5	1年	授课	笔试	指导	班组长或安全员	
1.1.8	中国石油反违章六条禁令	0.5	1年	授课	笔试	指导	班组长或安全员	
1.1.9	中国石油 HSE 管理九项原则	0.5	1年	授课	笔试	指导	班组长或安全员	
1.2	安技装备使用							
1.2.1	正压式空气呼吸器的使用	0.5	2年	授课+现场	实操	指导	班组长或安全员	
1.2.2	便携式气体检测仪的使用	0.5	2年	授课+现场	实操	指导	班组长或安全员	
1.2.3	消防器材使用	0.5	2年	授课+现场	实操	指导	班组长或安全员	
1.2.4	防毒面具的使用	0.5	2年	授课+现场	实操	指导	班组长或安全员	
1.2.5	洗眼器使用	0.5	2年	授课+现场	实操	指导	班组长或安全员	
1.3	劳动防护用品使用							
1.3.1	安全帽、护目镜、面罩使用	0.5	3年	授课+现场	实操	指导	班组长或安全员	
1.3.2	防护手套、服装、鞋的使用	0.5	3年	授课+现场	实操	指导	班组长或安全员	
1.4	应急救护							
1.4.1	心肺复苏技能	0.5	2年	授课+现场	实操	指导	班组长或安全员	
1.4.2	硫化氢中毒的救护	0.5	2年	授课+现场	实操	指导	班组长或安全员	
1.4.3	火灾报警演示	0.5	2年	授课+现场	实操	指导	班组长或安全员	
1.5	典型事故案例							
1.5.1	火灾爆炸	1	2年	授课	笔试	指导	班组长或安全员	
1.5.2	中毒窒息	1	2年	授课	笔试	指导	班组长或安全员	
1.5.3	机械伤害	1	2年	授课	笔试	指导	班组长或安全员	
1.5.4	物体打击	1	2年	授课	笔试	指导	班组长或安全员	
1.5.5	高处坠落	1	2年	授课	笔试	指导	班组长或安全员	
1.5.6	触电	1	2年	授课	笔试	指导	班组长或安全员	
1.5.7	其他	1	2年	授课	笔试	指导	班组长或安全员	

续表

编号	培训内容	培训课时	培训周期	培训方式	考核方式	培训效果	培训师资	备注
1.6	常用危化品知识							
1.6.1	硫化氢	0.5	2 年	授课	笔试	指导	班组长或安全员	
1.6.2	液化石油气	0.5	2 年	授课	笔试	指导	班组长或安全员	
1.6.3	原油	0.5	2 年	授课	笔试	指导	班组长或安全员	
1.6.4	汽油	0.5	2 年	授课	笔试	指导	班组长或安全员	
1.6.5	干气	0.5	2 年	授课	笔试	指导	班组长或安全员	
1.6.6	氨	0.5	2 年	授课	笔试	指导	班组长或安全员	
1.6.7	氮气	0.5	2 年	授课	笔试	指导	班组长或安全员	
1.6.8	二氧化硫	0.5	2 年	授课	笔试	指导	班组长或安全员	
1.6.9	硫化亚铁	0.5	2 年	授课	笔试	指导	班组长或安全员	
2	**岗位操作技能**							
2.1	工艺正常操作							
2.1.1	控制阀改副线的操作	1	1 年	课堂 + 现场	笔试	了解	班组长或工艺员	
2.1.2	加剂的操作	1	1 年	课堂 + 现场	笔试	了解	班组长或工艺员	
2.1.3	采样的操作	1	1 年	课堂 + 现场	笔试	了解	班组长或工艺员	
2.1.4	电脱盐操作温度的控制和调节	1	1 年	课堂 + 现场	笔试	掌握	班组长或工艺员	
2.1.5	常压炉出口温度的控制和调节	1	1 年	课堂 + 现场	笔试	掌握	班组长或工艺员	
2.1.6	柴油 FP、SP、95% 点馏出温度的控制和调节	1	1 年	课堂 + 现场	笔试	掌握	班组长或工艺员	
2.1.7	常渣 350℃馏出的控制和调节	1	1 年	课堂 + 现场	笔试	掌握	班组长或工艺员	
2.1.8	减二线 95% 点和比色的控制和调节	1	1 年	课堂 + 现场	笔试	掌握	班组长或工艺员	
2.1.9	常压塔顶压力的控制和调节	1	1 年	课堂 + 现场	笔试	掌握	班组长或工艺员	
2.1.10	常压塔底汽提吹汽量的控制和调节	1	1 年	课堂 + 现场	笔试	掌握	班组长或工艺员	
2.1.11	常底液面的控制和调节	1	1 年	课堂 + 现场	笔试	掌握	班组长或工艺员	
2.1.12	减压塔真空度的控制和调节	1	1 年	课堂 + 现场	笔试	掌握	班组长或工艺员	
2.2	开工操作							
2.2.1	引蒸汽操作	1	2 年	课堂 + 现场	评价	了解	班组长或工艺员	
2.2.2	引氮气操作	1	2 年	课堂 + 现场	评价	了解	班组长或工艺员	
2.2.3	系统吹扫、试压注意事项	1	2 年	课堂 + 现场	评价	掌握	班组长或工艺员	
2.2.4	装置进油开路循环操作	1	2 年	课堂 + 现场	评价	掌握	班组长或工艺员	
2.2.5	装置进油闭路循环操作	1	2 年	课堂 + 现场	评价	掌握	班组长或工艺员	
2.2.6	加热炉点火的操作	2	2 年	课堂 + 现场	评价	掌握	班组长或工艺员	
2.2.7	减压抽真空的操作	2	2 年	课堂 + 现场	评价	掌握	班组长或工艺员	
2.2.8	开工收封油的操作	1	2 年	课堂 + 现场	评价	掌握	班组长或工艺员	
2.2.9	开工收汽油、柴油	1	2 年	课堂 + 现场	评价	掌握	班组长或工艺员	

续表

编号	培训内容	培训课时	培训周期	培训方式	考核方式	培训效果	培训师资	备注
2.2.10	开工收蜡油操作	1	2年	课堂+现场	评价	掌握	班组长或工艺员	
2.2.11	燃料油系统投用循环的操作	1	2年	课堂+现场	评价	掌握	班组长或工艺员	
2.3	停工操作							
2.3.1	塔类设备的蒸汽置换操作	1	2年	课堂+现场	现场	掌握	班组长或工艺员	
2.3.2	加热炉停炉的操作	1	2年	课堂+现场	现场	掌握	班组长或工艺员	
2.3.3	减压消真空的操作	1	2年	课堂+现场	现场	掌握	班组长或工艺员	
2.3.4	电脱盐罐退油的操作	1	2年	课堂+现场	现场	掌握	班组长或工艺员	
2.3.5	常压系统退油的操作	1	2年	课堂+现场	现场	掌握	班组长或工艺员	
2.3.6	减压系统退油的操作	1	2年	课堂+现场	现场	掌握	班组长或工艺员	
2.4	DCS仿真操作							
2.4.1	装置开工模拟操作	4	2年	仿真	仿真	掌握	班组长或工艺员	
2.4.2	装置停工模拟操作	4	2年	仿真	仿真	掌握	班组长或工艺员	
2.4.3	装置事故处理模拟操作	4	2年	仿真	仿真	掌握	班组长或工艺员	
2.5	通用设备操作							
2.5.1	离心泵启、停、切换操作	1	2年	课堂+现场	评价	掌握	班组长或设备员	
2.5.2	风机的启、停运操作	1	2年	课堂+现场	评价	了解	班组长或设备员	
2.5.3	换热器投用、停用操作	1	2年	课堂+现场	评价	了解	班组长或设备员	
2.5.4	风动隔膜泵的启、停操作	1	2年	课堂+现场	评价	了解	班组长或设备员	
2.5.5	螺杆泵启、停、切换操作	1	2年	课堂+现场	评价	掌握	班组长或设备员	
2.5.6	干式/喷淋蒸发式、板式空冷器启、停运操作	2	2年	课堂+现场	评价	了解	班组长或设备员	
2.5.7	高危介质泵机封辅助系统操作(投用、停用)	2	2年	课堂+现场	评价	了解	班组长或设备员	
2.5.8	鼓风机、引风机的启停操作	2	2年	课堂+现场	评价	掌握	班组长或工艺员	
2.5.9	机泵润滑油加油、换油操作	2	2年	课堂+现场	评价	了解	班组长或工艺员	
2.5.10	机泵盘车操作	2	2年	课堂+现场	评价	了解	班组长或工艺员	
2.6	专用设备操作							
2.6.1	常顶气压缩机操作(启、停)	2	2年	课堂+现场	现场	掌握	班组长或设备员	
2.6.2	水环真空泵操作(启、停)	3	3年	课堂+现场	现场	掌握	班组长或设备员	
2.7	事故判断与处理							
2.7.1	紧急停工方案	1	1年	课堂+现场	演练	掌握	班组长或工艺员	
2.7.2	换热器泄漏的应急处理	1	1年	课堂+现场	演练	掌握	班组长或设备员	
2.7.3	装置停电、晃电的应急处理	1	1年	课堂+现场	演练	掌握	班组长或工艺员	
2.7.4	原油带水的应急处理	1	1年	课堂+现场	演练	掌握	班组长或工艺员	

续表

编号	培训内容	培训课时	培训周期	培训方式	考核方式	培训效果	培训师资	备注
2.7.5	闪底泵抽空的应急处理	1	1年	课堂+现场	演练	掌握	班组长或工艺员	
2.7.6	常底泵抽空的应急处理	1	1年	课堂+现场	演练	掌握	班组长或工艺员	
2.7.7	减底泵抽空的应急处理	1	1年	课堂+现场	演练	掌握	班组长或工艺员	
2.7.8	减压真空度波动的应急处理	1	1年	课堂+现场	演练	掌握	班组长或工艺员	
2.7.9	电脱盐混合压差阀卡的应急处理	1	1年	课堂+现场	演练	掌握	班组长或工艺员	
2.7.10	常压塔冲塔的应急处理	1	1年	课堂+现场	演练	掌握	班组长或工艺员	
2.7.11	瓦斯压力下降或中断的应急处理	1	1年	课堂+现场	演练	掌握	班组长或工艺员	
2.7.12	低压蒸汽压力大幅度下降或中断的应急处理	1	1年	课堂+现场	演练	掌握	班组长或工艺员	
2.8	DCS系统操作							
2.8.1	DCS系统常规操作:历史数据查询、过程报警处理、设定值修改、调节阀手自动切换等	2	2年	课堂+现场	评价	掌握	班组长或工艺员	
2.8.2	装置主要控制回路操作	2	2年	课堂+现场	评价	掌握	班组长或工艺员	
2.8.3	常压炉工艺联锁系统操作	2	2年	课堂+现场	评价	掌握	班组长或工艺员	
2.8.4	减压炉工艺联锁系统操作	2	2年	课堂+现场	评价	掌握	班组长或工艺员	
2.8.5	常减压设备联锁系统操作	2	2年	课堂+现场	评价	掌握	班组长或工艺员	
3	**生产受控管理**							
3.1	工艺记录填写规范	1	2年	课堂	评价	掌握	班组长或工艺员	
3.2	日常巡检规范	1	2年	课堂	评价	了解	班组长或工艺员	
3.3	工艺纪律检查内容	1	2年	课堂	评价	掌握	班组长或工艺员	
3.4	操作卡填写及操作确认	1	2年	课堂	评价	掌握	班组长或工艺员	
3.5	变更管理	1	2年	课堂	评价	掌握	班组长或工艺员	
3.6	工作循环分析	1	2年	课堂	评价	掌握	班组长或工艺员	
3.7	作业许可	1	2年	课堂	评价	指导	班组长或工艺员	
4	**HSE理念、方法与工具**							
4.1	属地管理	1	2年	课堂	评价	了解	班组长或安全员	
4.2	安全观察与沟通	1	2年	课堂+现场	评价	了解	班组长或安全员	
4.3	目视化管理	2	2年	课堂+现场	评价	了解	班组长或安全员	
4.4	工作安全分析	2	2年	课堂+现场	评价	了解	班组长或安全员	
4.5	事件分析	2	2年	课堂	评价	了解	班组长或安全员	
4.6	6S管理	2	2年	课堂+现场	评价	了解	班组长或安全员	

注:培训课时单位为小时(h)。

附录4 常减压装置外操岗位培训矩阵

编号	培训内容	培训课时	培训周期	培训方式	考核方式	培训效果	培训师资	备注
1	**通用安全知识**							
1.1	HSE 规章制度							
1.1.1	入厂安全须知	0.5	1年	授课	笔试	指导	班组长或安全员	
1.1.2	人身安全十大禁令	0.5	1年	授课	笔试	指导	班组长或安全员	
1.1.3	防火防爆十大禁令	0.5	1年	授课	笔试	指导	班组长或安全员	
1.1.4	车辆安全十大禁令	0.5	1年	授课	笔试	指导	班组长或安全员	
1.1.5	防止中毒窒息十条规定	0.5	1年	授课	笔试	指导	班组长或安全员	
1.1.6	防止静电危害十条规定	0.5	1年	授课	笔试	指导	班组长或安全员	
1.1.7	防止硫化氢中毒十条规定	0.5	1年	授课	笔试	指导	班组长或安全员	
1.1.8	中国石油反违章六条禁令	0.5	1年	授课	笔试	指导	班组长或安全员	
1.1.9	中国石油 HSE 管理九项原则	0.5	1年	授课	笔试	指导	班组长或安全员	
1.2	安技装备使用							
1.2.1	正压式空气呼吸器的使用	0.5	2年	授课+现场	实操	指导	班组长或安全员	
1.2.2	便携式气体检测仪的使用	0.5	2年	授课+现场	实操	指导	班组长或安全员	
1.2.3	消防器材使用	0.5	2年	授课+现场	实操	指导	班组长或安全员	
1.2.4	防毒面具的使用	0.5	2年	授课+现场	实操	指导	班组长或安全员	
1.2.5	洗眼器使用	0.5	2年	授课+现场	实操	指导	班组长或安全员	
1.3	劳动防护用品使用							
1.3.1	安全帽、护目镜、面罩使用	0.5	3年	授课+现场	实操	指导	班组长或安全员	
1.3.2	防护手套、服装、鞋的使用	0.5	3年	授课+现场	实操	指导	班组长或安全员	
1.4	应急救护							
1.4.1	心肺复苏技能	0.5	2年	授课+现场	实操	指导	班组长或安全员	
1.4.2	硫化氢中毒的救护	0.5	2年	授课+现场	实操	指导	班组长或安全员	
1.4.3	火灾报警演示	0.5	2年	授课+现场	实操	指导	班组长或安全员	
1.5	典型事故案例							
1.5.1	火灾爆炸	1	2年	授课	笔试	指导	班组长或安全员	
1.5.2	中毒窒息	1	2年	授课	笔试	指导	班组长或安全员	
1.5.3	机械伤害	1	2年	授课	笔试	指导	班组长或安全员	
1.5.4	物体打击	1	2年	授课	笔试	指导	班组长或安全员	
1.5.5	高处坠落	1	2年	授课	笔试	指导	班组长或安全员	
1.5.6	触电	1	2年	授课	笔试	指导	班组长或安全员	
1.5.7	其他	1	2年	授课	笔试	指导	班组长或安全员	

续表

编号	培训内容	培训课时	培训周期	培训方式	考核方式	培训效果	培训师资	备注
1.6	常用危化品知识							
1.6.1	硫化氢	0.5	2年	授课	笔试	指导	班组长或安全员	
1.6.2	液化石油气	0.5	2年	授课	笔试	指导	班组长或安全员	
1.6.3	原油	0.5	2年	授课	笔试	指导	班组长或安全员	
1.6.4	汽油	0.5	2年	授课	笔试	指导	班组长或安全员	
1.6.5	干气	0.5	2年	授课	笔试	指导	班组长或安全员	
1.6.6	氨	0.5	2年	授课	笔试	指导	班组长或安全员	
1.6.7	氮气	0.5	2年	授课	笔试	指导	班组长或安全员	
1.6.8	二氧化硫	0.5	2年	授课	笔试	指导	班组长或安全员	
1.6.9	硫化亚铁	0.5	2年	授课	笔试	指导	班组长或安全员	
2	**岗位操作技能**							
2.1	工艺正常操作							
2.1.1	控制阀改副线的操作	1	1年	课堂+现场	笔试	掌握	班组长或工艺员	
2.1.2	加剂的操作	1	1年	课堂+现场	笔试	掌握	班组长或工艺员	
2.1.3	采样的操作	1	1年	课堂+现场	笔试	掌握	班组长或工艺员	
2.1.4	电脱盐操作温度的控制和调节	1	1年	课堂+现场	笔试	掌握	班组长或工艺员	
2.1.5	常压炉出口温度的控制和调节	1	1年	课堂+现场	笔试	掌握	班组长或工艺员	
2.1.6	柴油FP、SP、95%点馏出温度的控制和调节	1	1年	课堂+现场	笔试	了解	班组长或工艺员	
2.1.7	常渣350℃馏出的控制和调节	1	1年	课堂+现场	笔试	了解	班组长或工艺员	
2.1.8	减二线95%点和比色的控制和调节	1	1年	课堂+现场	笔试	了解	班组长或工艺员	
2.1.9	常压塔顶压力的控制和调节	1	1年	课堂+现场	笔试	了解	班组长或工艺员	
2.1.10	常压塔底汽提吹汽量的控制和调节	1	1年	课堂+现场	笔试	了解	班组长或工艺员	
2.1.11	常底液面的控制和调节	1	1年	课堂+现场	笔试	了解	班组长或工艺员	
2.1.12	减压塔真空度的控制和调节	1	1年	课堂+现场	笔试	掌握	班组长或工艺员	
2.2	开工操作							
2.2.1	引蒸汽操作	1	2年	课堂+现场	评价	掌握	班组长或工艺员	
2.2.2	引氮气操作	1	2年	课堂+现场	评价	掌握	班组长或工艺员	
2.2.3	系统吹扫、试压注意事项	1	2年	课堂+现场	评价	掌握	班组长或工艺员	
2.2.4	装置进油开路循环操作	1	2年	课堂+现场	评价	掌握	班组长或工艺员	
2.2.5	装置进油闭路循环操作	1	2年	课堂+现场	评价	掌握	班组长或工艺员	
2.2.6	加热炉点火的操作	2	2年	课堂+现场	评价	掌握	班组长或工艺员	
2.2.7	减压抽真空的操作	2	2年	课堂+现场	评价	掌握	班组长或工艺员	
2.2.8	开工收封油的操作	1	2年	课堂+现场	评价	掌握	班组长或工艺员	

续表

编号	培训内容	培训课时	培训周期	培训方式	考核方式	培训效果	培训师资	备注
2.2.9	开工收汽油、柴油	1	2年	课堂+现场	评价	掌握	班组长或工艺员	
2.2.10	开工收蜡油操作	1	2年	课堂+现场	评价	掌握	班组长或工艺员	
2.2.11	燃料油系统投用循环的操作	1	2年	课堂+现场	评价	掌握	班组长或工艺员	
2.3	停工操作							
2.3.1	塔类设备的蒸汽置换操作	1	2年	课堂+现场	现场	掌握	班组长或工艺员	
2.3.2	加热炉停炉的操作	1	2年	课堂+现场	现场	掌握	班组长或工艺员	
2.3.3	减压消真空的操作	1	2年	课堂+现场	现场	掌握	班组长或工艺员	
2.3.4	电脱盐罐退油的操作	1	2年	课堂+现场	现场	掌握	班组长或工艺员	
2.3.5	常压系统退油的操作	1	2年	课堂+现场	现场	掌握	班组长或工艺员	
2.3.6	减压系统退油的操作	1	2年	课堂+现场	现场	掌握	班组长或工艺员	
2.4	DCS仿真操作							
2.4.1	装置开工模拟操作	4	2年	仿真	仿真	掌握	班组长或工艺员	
2.4.2	装置停工模拟操作	4	2年	仿真	仿真	掌握	班组长或工艺员	
2.4.3	装置事故处理模拟操作	4	2年	仿真	仿真	掌握	班组长或工艺员	
2.5	通用设备操作							
2.5.1	离心泵启、停、切换操作	1	2年	课堂+现场	评价	掌握	班组长或设备员	
2.5.2	风机的启、停运操作	1	2年	课堂+现场	评价	掌握	班组长或设备员	
2.5.3	换热器投用、停用操作	1	2年	课堂+现场	评价	掌握	班组长或设备员	
2.5.4	风动隔膜泵的启、停操作	1	2年	课堂+现场	评价	掌握	班组长或设备员	
2.5.5	螺杆泵启、停、切换操作	1	2年	课堂+现场	评价	掌握	班组长或设备员	
2.5.6	干式/喷淋蒸发式、板式空冷器启、停运操作	2	2年	课堂+现场	评价	掌握	班组长或设备员	
2.5.7	高危介质泵机封辅助系统操作(投用、停用)	2	2年	课堂+现场	评价	掌握	班组长或设备员	
2.5.8	鼓风机、引风机的启停操作	2	2年	课堂+现场	评价	掌握	班组长或工艺员	
2.5.9	机泵润滑油加油、换油操作	2	2年	课堂+现场	评价	掌握	班组长或工艺员	
2.5.10	机泵盘车操作	2	2年	课堂+现场	评价	掌握	班组长或工艺员	
2.6	专用设备操作							
2.6.1	常顶气压缩机操作(启、停)	2	2年	课堂+现场	现场	掌握	班组长或设备员	
2.6.2	水环真空泵操作(启、停)	3	3年	课堂+现场	现场	掌握	班组长或设备员	
2.7	事故判断与处理							
2.7.1	紧急停工方案	1	1年	课堂+现场	演练	掌握	班组长或工艺员	
2.7.2	换热器泄漏的应急处理	1	1年	课堂+现场	演练	掌握	班组长或设备员	
2.7.3	装置停电、晃电的应急处理	1	1年	课堂+现场	演练	掌握	班组长或工艺员	

续表

编号	培训内容	培训课时	培训周期	培训方式	考核方式	培训效果	培训师资	备注
2.7.4	原油带水的应急处理	1	1年	课堂+现场	演练	掌握	班组长或工艺员	
2.7.5	闪底泵抽空的应急处理	1	1年	课堂+现场	演练	掌握	班组长或工艺员	
2.7.6	常底泵抽空的应急处理	1	1年	课堂+现场	演练	掌握	班组长或工艺员	
2.7.7	减底泵抽空的应急处理	1	1年	课堂+现场	演练	掌握	班组长或工艺员	
2.7.8	减压真空度波动的应急处理	1	1年	课堂+现场	演练	掌握	班组长或工艺员	
2.7.9	电脱盐混合压差阀卡的应急处理	1	1年	课堂+现场	演练	掌握	班组长或工艺员	
2.7.10	常压塔冲塔的应急处理	1	1年	课堂+现场	演练	掌握	班组长或工艺员	
2.7.11	瓦斯压力下降或中断的应急处理	1	1年	课堂+现场	演练	掌握	班组长或工艺员	
2.7.12	低压蒸汽压力大幅度下降或中断的应急处理	1	1年	课堂+现场	演练	掌握	班组长或工艺员	
2.8	DCS系统操作							
2.8.1	DCS系统常规操作:历史数据查询、过程报警处理、设定值修改、调节阀手自动切换等	2	2年	课堂+现场	评价	了解	班组长或工艺员	
2.8.2	装置主要控制回路操作	2	2年	课堂+现场	评价	了解	班组长或工艺员	
2.8.3	常压炉工艺联锁系统操作	2	2年	课堂+现场	评价	掌握	班组长或工艺员	
2.8.4	减压炉工艺联锁系统操作	2	2年	课堂+现场	评价	掌握	班组长或工艺员	
2.8.5	常减压设备联锁系统操作	2	2年	课堂+现场	评价	掌握	班组长或工艺员	
3	**生产受控管理**							
3.1	工艺记录填写规范	1	2年	课堂	评价	掌握	班组长或工艺员	
3.2	日常巡检规范	1	2年	课堂	评价	了解	班组长或工艺员	
3.3	工艺纪律检查内容	1	2年	课堂	评价	掌握	班组长或工艺员	
3.4	操作卡填写及操作确认	1	2年	课堂	评价	掌握	班组长或工艺员	
3.5	变更管理	1	2年	课堂	评价	掌握	班组长或工艺员	
3.6	工作循环分析	1	2年	课堂	评价	掌握	班组长或工艺员	
3.7	作业许可	1	2年	课堂	评价	指导	班组长或工艺员	
4	**HSE理念、方法与工具**							
4.1	属地管理	1	2年	课堂	评价	了解	班组长或安全员	
4.2	安全观察与沟通	1	2年	课堂+现场	评价	了解	班组长或安全员	
4.3	目视化管理	2	2年	课堂+现场	评价	了解	班组长或安全员	
4.4	工作安全分析	2	2年	课堂+现场	评价	了解	班组长或安全员	
4.5	事件分析	2	2年	课堂	评价	了解	班组长或安全员	
4.6	6S管理	2	2年	课堂+现场	评价	了解	班组长或安全员	

注:培训课时单位为小时(h)。